AF872975

HÁGASE LA ENERGÍA

Marc Redondo

HÁGASE LA ENERGÍA

Descubre el verdadero origen de la fuerza que mueve el universo

PAIDÓS

1.ª edición, mayo de 2026

La lectura abre horizontes, iguala oportunidades y construye una sociedad mejor. La propiedad intelectual es clave en la creación de contenidos culturales porque sostiene el ecosistema de quienes escriben y de nuestras librerías. Al comprar este libro estarás contribuyendo a mantener dicho ecosistema vivo y en crecimiento.
En **Grupo Planeta** agradecemos que nos ayudes a apoyar así la autonomía creativa de autoras y autores para que puedan seguir desempeñando su labor.
Dirígete a CEDRO (Centro Español de Derechos Reprográficos) si necesitas fotocopiar, escanear, distribuir o poner a disposición algún fragmento de esta obra (www.cedro.org; 91 702 19 70 / 93 272 04 45).
Queda expresamente prohibida la utilización o reproducción de este libro o de cualquiera de sus partes con el propósito de entrenar o alimentar sistemas o tecnologías de inteligencia artificial.

© Marc Redondo Fusté, 2026
© de las ilustraciones del interior, Javier Pérez de Amézaga Tomás, 2026
© de todas las ediciones en castellano,
Editorial Planeta, S. A., 2026
Paidós es un sello editorial de Editorial Planeta, S. A.
Avda. Diagonal, 662-664
08034 Barcelona, España
www.paidos.com
www.planetadelibros.com

Diseño de interior: Sacajugo
Diseño de la cubierta: Planeta Arte & Diseño
Imágenes de la cubierta: © Agor2012 y Chonkz / Shutterstock

ISBN: 978-84-493-4509-8
Fotocomposición: Maria Garcia
Depósito legal: B. 25.076-2026

Impreso en España — *Printed in Spain*

PEFC Certificado
Este libro procede de bosques gestionados de forma sostenible
PEFC
PEFC/14-38-00305
www.pefc.es

Aprende cada día algo nuevo.

Raúl Redondo

SUMARIO

PRÓLOGO

Es muy probable que ahora estés descansando en tu cómodo sofá mientras sujetas este libro. Tal vez una luz tenue te ayuda a leer mejor el texto y un café recién hecho te hace la lectura más placentera. La temperatura del salón es la ideal y unos cojines te permiten adoptar una postura muy relajante. Este es el ambiente con el que todos solemos disfrutar más de un libro.

A medida que nos sumergimos en una apasionante lectura, todo lo que nos rodea deja de existir. Es fascinante cómo un conjunto de letras y palabras ordenadas con rigor e intención por parte del autor logran tal abstracción. No es hasta que nos puede el cansancio, oímos el ruido molesto de un vecino o suena nuestro teléfono móvil que volvemos a la realidad.

Pocas veces prestamos atención y valoramos lo que tenemos en casa. Una temperatura confortable, una manta con una textura suave, un pijama de tacto agradable o una luz perfecta. Todo se puede adaptar a nuestro gusto con el fin de hacernos la vida más fácil y acercarnos lo máximo posible a la definición de felicidad.

Lamentablemente, nada de esto sale gratis. Si queremos comodidad, tenemos que desembolsar dinero para conseguirla. Producir cosas requiere energía, y alguien debe generarla. Además, el productor tiene que hacer negocio, evidentemente, y sacar un buen beneficio. Todo lo que en estos momentos te rodea necesita energía: la bombilla que te está alumbrando, el sistema de climatización que te da la temperatura que deseas o la cafetera con la que te has preparado el café. Pero también otros elementos la han necesitado en algún momento en su proceso de fabricación, como la empresa que ha producido los pantalones que llevas, el horno de cocción con el que se ha hecho la taza que tienes a tu lado o la imprenta con la que se ha impreso este libro.

La energía no se limita solo a los materiales: ahora mismo tu cuerpo la está consumiendo mientras realiza miles de tareas para mantenerse con vida, como regular la temperatura, respirar o bombear la sangre. Para ello, tiene que quemar unas calorías que debemos recuperar comiendo de forma regular a lo largo del día (y que tanto traen de cabeza a más de uno para adelgazar).

Pero es que, además, la energía está en todos lados: tu cuerpo, por ejemplo, no solo la consume, también la genera. Y hay más, mucho más. Ahora mismo, por ejemplo, está atravesando tu cuerpo, ya sea con las ondas de la radio que está escuchando el vecino o el wifi de tu casa.

No hay una clasificación estándar y universal de los diferentes tipos de energía, pero la manera más práctica y didáctica de hacerlo es dividirla en siete categorías: nuclear, electromagnética, cinética, potencial, térmica, química y eléctrica. Puede que estas palabras te traigan algunos recuerdos del instituto o de la universidad, y no precisamente buenos. Y es que siempre nos han explicado la física a base de fórmulas matemáticas complejas y aburridas para que las resolvamos correctamente en un examen y nos pongan una nota. Pero si se explica con calma, paciencia y pasión, no solo podremos entenderla, sino también disfrutarla. Esta es la mejor forma de aprender. En todo.

Lo que me gustaría en este libro es que cuando vayas a trabajar, cuando te desplaces hacia el colegio, cuando te vayas de vacaciones, des valor a toda la energía que se genera a tu alrededor y seas capaz de identificar y recordar cómo se produce. También es una forma de ahorrar, porque si eres adulto, serás el encargado de pagar las facturas en casa y ya no dejarás las luces encendidas en habitaciones en las que no estés. Si lo haces ahora, es que ya eres adulto. Lo siento.

Si me acompañas en el viaje que haremos por estas páginas, te darás cuenta de que la física y, en concreto, el estudio de la energía, es divertida y muy interesante. Entenderás y comprenderás el sentido a muchas cosas de tu vida diaria, y cuando acabes este libro podrás explicar, por ejemplo, cómo funciona un microondas, por qué a veces te dan calambres al tocar algo metálico o por qué perdemos la cobertura del móvil dentro de un ascensor.

La energía es lo que hace que las cosas funcionen, así que cuando entendemos la energía podemos comprender todo lo que nos rodea.

INTRODUCCIÓN

La física es una de las ciencias fundamentales que nos ayuda a comprender las leyes que gobiernan el universo, desde las galaxias más lejanas hasta por qué calienta un microondas. Las ciencias fundamentales son la física, la química, las matemáticas, la biología, la geología y la astronomía. Todas ellas tienen puentes en común, y en este libro los veremos.

La protagonista de estas páginas, la energía, está inseparablemente relacionada con la física, que explica qué es y cómo se transforma. Nos ayuda a entender sus leyes, cómo se manifiesta en la naturaleza y cómo sacarle el mejor partido para vivir y que el ser humano progrese. Pero para empezar nuestra aventura, lo primero será entender qué es exactamente la energía, esta palabra que usamos a diario tanto para referirnos a la capacidad de esfuerzo que tiene nuestro cuerpo como a lo que hace funcionar todo lo que nos rodea. La energía se define como «la capacidad que tiene un cuerpo o un sistema para realizar cambios en otros o incluso en sí mismo». En otras palabras, es la capacidad de realizar *trabajo*. Con ello no nos referimos a la acción cotidiana de trabajar para ganar dinero, sino al concepto mecánico de «trabajo», que describe una forma de transferencia de energía asociada a la acción de fuerzas.

Ahora piensa en algunas cosas que tienen energía, como una pila o tú mismo. Los dos tienen capacidad para realizar trabajo. Cuando la pila se gasta o nuestro cuerpo está cansado, la facultad de realizar trabajo termina, y, en consecuencia, también la energía. Con esto llegamos a la conclusión de que, sin energía, nada de este mundo puede llevarse a cabo; no se puede realizar ningún tipo de trabajo. Sería ideal y perfecto un lugar con fuentes de energía infinitas. Y si fueran gratuitas, sería aún mejor. Pero el sistema en el que vivimos no nos lo pone fácil: la energía hay que generarla, y afortunadamente aprendimos a hacerlo hace miles de años.

El mundo que conocemos empezó con el *big bang*. A diferencia de lo que muchos piensan (idea inducida posiblemente por la traducción literal del término del inglés al español), esta teoría no habla de una «gran explosión», sino que plantea que el universo empezó a partir de un estado extremadamente denso y caliente. Luego tuvo lugar una expansión (que, por cierto, sigue produciéndose) y un enfriamiento, proceso durante el cual se formaron todos los cuerpos que hoy observamos, como las galaxias, las estrellas y los planetas. Todas las teorías actuales apuntan a que este es el origen de la materia y de la energía que gobiernan el universo, y quizá algún día seamos capaces de descubrir y comprender qué había antes de esta gran expansión. No obstante, aún existen muchas cuestiones que la ciencia no puede explicar.

Pero sigamos: entre los millones de galaxias que se formaron, y tras el paso de incontables años, nació, a partir de nubes de gas y restos de otras estrellas, una estrella que los humanos bautizamos con el nombre de Sol. Y a una distancia caprichosamente perfecta del Sol hay un planeta azul lleno de agua y cubierto de nubes donde unos seres vivos han descubierto formas de energía y han aprendido a usarlas.

Se considera que el ser humano empezó a dominar el uso de la energía hace un millón de años, con la domesticación del fuego,[1] uno de los pasos más importantes de la humanidad. Con él aprendimos no solo a calentarnos y a ahuyentar a posibles depredadores, sino también a cocinar los alimentos. Pero el fuego no es la única forma a través de la cual hemos sido capaces de generar energía. La historia ha sido testigo de cómo nos las hemos ingeniado para conseguir básicamente energía mecánica en nuestros inicios, a la que se fueron sumando otras formas con el paso del tiempo. La domesticación de animales en especies como ovejas, cabras y ganado llegó más o menos por el año 9000 a. C. en regiones como Mesopotamia,[2] lo que permitió aprovechar su fuerza. Más adelante, animales como los caballos o los burros fueron también domesticados para tareas agrícolas. La rueda llegó a partir del 3500 a. C. en Asia y revolucionó el transporte terrestre, tanto de personas como de mercancías.[3] El uso de la vela en los barcos para aprovechar la fuerza del viento empezó aproximadamente en el 3000 a. C. en las costas de Egipto.[4] Los molinos de viento tardaron un poco más en llegar y comenzaron a utilizarse en Persia hacia el siglo IX d. C.[5]

A partir del siglo XVIII, con la Revolución Industrial, ya encontramos el uso del carbón y, más adelante, de otros combustibles fósiles como fuente de energía, algo que provocará un aumento de los gases de efecto invernadero, y en consecuencia, el cambio climático. El uso de las centrales nucleares como fuente de energía —con unos residuos radiactivos preocupantes— es uno de los sistemas de generación de energía más modernos. Afortunadamente hemos tomado conciencia y ciertas formas de producción de energía se están dejando de lado, dando paso a otras más limpias y renovables.

A continuación, vamos a hacer un breve recorrido histórico por los principales descubrimientos de la energía en época moderna y sus aplicaciones en la sociedad, pues conocer la historia de la energía también es conocer la historia del progreso humano.

En el siglo XVIII la Revolución Industrial marcó el paso más grande que había dado hasta el momento el ser humano en cuanto al aprovechamiento de la energía. Se explotó de forma masiva el carbón como fuente energética y se perfeccionó la máquina de vapor. Esto revolucionó la producción energética y el transporte de mercancías.

El siglo XIX tuvo como uno de sus mayores hitos el desarrollo y la generalización del uso de la electricidad como fuente de energía. Las lámparas de gas fueron sustituidas por lámparas incandescentes, más seguras y duraderas. Además, se aprendió a transportar la electricidad a grandes distancias, lo que permitió dar servicio eléctrico a las ciudades, influyó en el crecimiento de las mismas y revolucionó la industria, que ya no necesitaba estar cerca de un río para contar con su energía. En el año 1800 Alessandro Volta construyó la primera batería eléctrica, que se denominó «pila voltaica» en su honor. En 1879 Thomas Edison presentó la primera lámpara incandescente, con lo que marcó el principio de la iluminación eléctrica masiva. En 1891 se construyó la primera central hidroeléctrica a gran escala en Suiza, aprovechando la fuerza del río Rin. Y en 1897 Rudolf Diesel patentó su motor de combustión interna diésel.

Durante el siglo XX, que muchos de los lectores habrán vivido, fueron los combustibles fósiles los que capitalizaron la producción de energía. Al principio sin tener en cuenta sus consecuencias ambientales. Los medios de transporte evolucionaron, y aviones, barcos y automóviles usaron estos combustibles como fuente de energía. A mitad de siglo irrumpió la energía nuclear. En 1927 se instaló la primera turbina eólica moderna en Dinamarca. En 1939, Otto Hahn y Fritz Strassmann demostraron la fisión nuclear. En 1951 la primera central nuclear generó electricidad al encender cuatro bombillas en Estados Unidos. En 1954 se desarrolló el primer panel solar de silicio con una eficiencia del 6 por ciento. En 1962 se creó el primer led y en 1970 se desarrolló la primera batería de litio.

El siglo XXI empezó con un gran cambio de conciencia en cuanto al cambio climático y a la necesidad de buscar nuevas formas de energía más eficientes y limpias. Pero, a la vez, el aumento de la población, y, en consecuencia, de los electrodomésticos, la iluminación y la telefonía móvil e internet, ha disparado el consumo eléctrico, lo que nos ha obligado a generar mucha más electricidad. Todo un reto para una sociedad cada vez más dependiente de la energía eléctrica. El mayor hito, posiblemente, de este siglo, sea la popularización del coche eléctrico, aunque el invento como tal tuvo lugar en el siglo XIX.

A lo largo de estas páginas revisaremos también las precauciones que hay que tomar con la energía, tanto a nivel doméstico (¿a quién no le ha dado la corriente en casa intentando hacer una chapuza?) como a nivel industrial (grandes accidentes como el de Chernóbil).

En más de una ocasión, varias energías aparecerán mezcladas dentro de un mismo capítulo. Es lo más normal del mundo, teniendo en cuenta que la energía siempre se transforma.

En este libro también veremos lo importantes que son las unidades de medida. En las operaciones matemáticas, es fundamental usar las unidades del Sistema Internacional de Unidades. Entre ellas, el metro (m) para la longitud, el kilogramo (kg) para la masa, el segundo (s) para el tiempo, el kelvin (K) para la temperatura, el julio o *joule* (J) para el trabajo o la energía, etc. Por ejemplo, no podemos sumar ni combinar temperaturas expresadas en grados Celsius y en kelvin, es de pura lógica, pues el resultado no tendría sentido. Los grados Celsius, por mucho que nos gusten, hay que transformarlos a kelvin. De hecho, antes de hacer una operación matemática, siempre se recomienda transformar las unidades dadas en unidades del Sistema Internacional. Como decía uno de los profesores que marcó mi vida estudiantil cuando nos enseñaba matemáticas: «Hay que dejar siempre bien claro qué es lo que estamos sumando, restando, multiplicando o dividiendo. Yo quiero saber si son manzanas o peras. Siempre, todos los resultados, tienen que llevar la unidad. Porque lo que tú puedes considerar que son sandías para mí quizá son uvas, y la cosa cambia de forma notable». De hecho, si al resultado de las operaciones de sus problemas no añadías la unidad tras el número, ni siquiera te contaba medio punto por haber hecho bien el cálculo, sino que te ponía cero.

En cada uno de los capítulos de este libro analizaremos cómo generar energía, contaremos anécdotas, alertaremos de peligros, veremos qué aplicaciones tiene y descubriremos dónde podemos encontrarla en nuestro día a día, tanto en nuestro hogar como en la calle. Y todo lo haremos con sencillez, rigor y un poco de sentido del humor, para que todos entendamos la energía, un concepto físicamente complejo, pero fácil de comprender si se explica con pasión.

Capítulo 1

La energía nuclear

Vamos a empezar el apasionante viaje en el que descubriremos el mundo de la energía con una de las partes más sorprendentes de la física. Todos sabemos que es una rama de la ciencia que, en principio, parece difícil y dura, debido a los métodos de enseñanza que se aplican y al uso constante de fórmulas matemáticas. Pero en este libro vamos a huir de todo eso y aprenderemos lo mismo yendo por otro camino, mucho más divertido. Un camino que, en más de un momento, te hará pensar que la física también es divertida.

Ahora toca dar, posiblemente, uno de los pasos más complicados de todo este libro. Hecho esto, todo lo que vendrá después nos parecerá más fácil. Vamos a meternos dentro de los átomos para conocer de qué están formados, la increíble energía que son capaces de generar y las ventajas y desventajas que esta tiene, porque son bastantes en ambos sentidos. Dedicaremos un buen rato a discutir sobre si es un tipo de energía limpia o no lo es, pero quedará claro que la energía nuclear tiene un potencial altísimo.

LOS ÁTOMOS

Vamos a hacer un poco de memoria de nuestra época de estudiantes y a intentar recordar qué es exactamente un átomo.

Todo lo que nos rodea ahora mismo —este libro, el sofá, la televisión, las bombillas, nuestros dedos...—, todo, absolutamente todo, puede dividirse en diferentes partes. Hay pequeñas piezas y las podemos ir separando con más o menos destreza. El libro tiene sus páginas y su portada; el sofá, el tejido que lo recubre y una estructura interna; la televisión tiene la pantalla por fuera y cables y placas por dentro; las bombillas, un recubrimiento de vidrio, y nuestros dedos, la piel, vasos sanguíneos y huesos, entre otras partes. Pero todo esto aún se puede dividir más. Imagínate que las páginas del libro las podemos romper en mil pedazos e intentar hacer el trozo de papel más pequeño. Aun haciéndolo minúsculo, podríamos seguir con la ayuda de un microscopio óptico, y luego, otro electrónico. Y así seguir hasta llegar al punto en el que nos encontraríamos las partículas más pequeñas en las que podemos dividir la materia: los átomos. Todo, absolutamente todo, está formado por átomos, y es la escala más pequeña de la materia que tenemos sin que esta pierda sus propiedades. Por este motivo el átomo es descrito como «la unidad fundamental de la materia». Esta frase es muy importante porque sin los átomos nada de lo que vemos existiría. Tampoco nosotros.

Los átomos están formados por tres subpartículas que te van a sonar: *protones*, *neutrones* y *electrones*. Tal y como se puede adivinar por su nombre, lo que las diferencia es el tipo de carga que tienen. Los protones tienen carga positiva, los neutrones no tienen carga y los electrones tienen carga negativa. Estas tres partículas están dispuestas de una manera muy especial y curiosa: en el núcleo del átomo están los protones y los neutrones, mientras que los electrones van dando vueltas orbitando alrededor del núcleo en unas regiones que se denominan *órbitas*.

No vamos a entrar más en detalle sobre el mundo de la física del átomo porque esto merecería no un libro, sino una serie. Lo que a nosotros nos interesa del átomo es lo más importante de este capítulo: al modificar los núcleos de los átomos, ya sea uniéndolos o dividiéndolos, podemos generar reacciones que producen una descomunal cantidad de energía para crear, por ejemplo, electricidad. Pero este proceso que ha descubierto el ser humano no es fácil y puede tener graves consecuencias si no se hace con seguridad. Hemos encontrado dos formas de lograrlo: mediante la fusión nuclear y la fisión nuclear. En la fusión nuclear la energía se libera cuando dos núcleos se combinan o fusionan para formar uno más grande; esto es lo que hace el Sol. La fisión nuclear es el proceso contrario: los núcleos se separan para formar núcleos más pequeños y se libera energía. Este último proceso es el que se lleva a cabo en las centrales nucleares. Tanto en la fusión como en la fisión, una pequeña parte de la masa de los núcleos de los átomos se convierte en una gran cantidad de energía, que se libera en forma de calor y de radiación.[1] La energía calorífica es el calor que proviene del choque de las partículas y se utiliza para producir vapor de agua, que tal y como se aprovecha en la mayoría de las centrales nucleares, mueve una turbina que genera la electricidad. La radiación es la energía liberada en forma de ondas electromagnéticas y partículas de alta energía, muy peligrosas si se descontrolan, que describiremos en este capítulo. Es muy posible que acabes confundiendo fusión con fisión, y viceversa, así que lo más importante que debes recordar es que, en ambos procesos, lo que se consigue es liberar la energía que hay en el núcleo del átomo con el fin de usarla para la generación de electricidad. Este es el resumen.

LAS INSTALACIONES NUCLEARES

A la mayoría de las personas, cuando piensan en la energía nuclear, le viene a la cabeza una central con su torre de refrigeración poniendo en peligro a la población cercana por riesgo de accidente, pero la realidad, y que todo el mundo lo entienda es uno de los propósitos de este capítulo, es que la energía nuclear es mucho más que eso. Es evidente que entraña peligros y que sus residuos se tienen que proteger durante miles de años, pero vivimos de la energía nuclear desde hace mucho tiempo y le sacamos un gran rendimiento. No solo la encontramos en las centrales nucleares. El Consejo de Seguridad Nuclear[2] de España considera que hay cinco tipos de instalaciones nucleares.

- Las principales son las centrales nucleares: instalaciones fijas cuya función es la de producir energía mediante un reactor nuclear, que es la zona de una central en la que se producen y controlan las reacciones nucleares.
- Los propios reactores nucleares, estructuras en las que hay fisión nuclear sin necesidad de tener como fuente los neutrones (que, recordemos, son las partículas que forman el núcleo del átomo y no tienen carga eléctrica).
- Las fábricas que utilizan sustancias nucleares para producir combustibles nucleares o, por ejemplo, tratan o reprocesan combustibles nucleares irradiados.
- Instalaciones de almacenamiento de sustancias nucleares.
- Los dispositivos y las instalaciones que utilizan reacciones nucleares (no centrales) para producir energía.

APLICACIONES DE LA ENERGÍA NUCLEAR

Antes de conocer más sobre el funcionamiento y las partes fundamentales de una central nuclear, me gustaría destacar cuáles son algunas de las aplicaciones de este tipo de energía tan especial. La primera, sin duda, es la que ya hemos comentado: la generación de electricidad. Pero hay otras muchas aplicaciones que pocas personas conocen.

- En medicina. Según los datos que facilita Foro Nuclear,[3] el 80% de los diagnósticos médicos se basan en pruebas de imagen, como es el caso de las radiografías; el 70% de los pacientes oncológicos reciben radioterapia durante su enfermedad; en el mundo hay 30 millones de personas que se benefician de la medicina nuclear, es decir, de fármacos que emiten radiación detectable tanto para diagnóstico como para tratamiento y hay 60 patologías que se pueden diagnosticar y tratar mediante técnicas de medicina nuclear.
- La industria minera y de materiales usa la energía nuclear en algunos de sus procesos, por ejemplo, mediante sondas nucleares para identificar y medir yacimientos.
- La industria alimentaria la utiliza para el control de plagas, introduciendo ejemplares de insectos irradiados y esterilizados para evitar la reproducción de la especie.
- En hidrología, se usa para estudiar y entender mejor los movimientos del agua, introduciendo producto radiactivo y poder así trazar su recorrido.
- En cosmología se estudia la radiactividad para determinar la antigüedad de los meteoritos que llegan a la superficie de nuestro planeta, y en la exploración espacial se hace uso de las pilas nucleares para la alimentación de satélites y sondas (algunas de las sondas que se han mandado fuera del sistema solar han usado plutonio como combustible, que puede dar energía durante décadas).
- Incluso en arte se usa la energía nuclear, por ejemplo, con las radiografías con rayos X para explorar las obras de arte y poder determinar la antigüedad que tienen.

- Y la parte que menos nos gusta, que no podemos olvidar, es el uso de la tecnología nuclear para la fabricación de material bélico, como las bombas nucleares, de las que hablaremos más adelante.

Sin duda, son las centrales nucleares las que más peso tienen en la energía nuclear y las que más miedos despiertan, pero, como hemos visto antes, también les sacamos un gran rendimiento. Veamos de forma sencilla cómo funciona una central nuclear para que todos podamos comprenderlo.

FUNCIONAMIENTO Y PARTES DE UNA CENTRAL NUCLEAR

El reactor nuclear es considerado el componente principal de una central.[4] Este reactor tiene un sistema para iniciar, controlar y detener en cualquier momento la reacción nuclear. Para que nos hagamos una idea, el reactor cuenta con una vasija de acero[5] en cuyo interior se dispone el combustible nuclear, que suele ser uranio, con un patrón geométrico, que acostumbra a ser cuadrado o hexagonal para controlar mejor la reacción. Y entonces llega el momento de la reacción. Lo que se hace es disparar neutrones contra los núcleos de combustible nuclear, lo que provoca la ruptura de estos núcleos en fragmentos más pequeños (conocidos como productos de fisión) y más neutrones. Estos impactan de nuevo contra otros núcleos de combustible, produciendo una reacción en cadena en un proceso que genera una gran cantidad de energía térmica. Esta se usa para la producción de vapor de agua que activa una turbina que genera la energía eléctrica. Así, el funcionamiento básico es parecido al de una central térmica que quema combustible fósil —algo que veremos en otro capítulo más adelante—, pero con combustible nuclear.

Desde el exterior las centrales nucleares parecen muy complejas, y lo son. Además, dependiendo del terreno en el que estén construidas, de si están cerca del mar o de un río, pueden tener un diseño diferente, pero en todas ellas siempre vamos a encontrar las mismas partes. Los componentes básicos[6] y más importantes de una central nuclear son:

- el presionador, un componente del circuito de refrigeración;
- la vasija del reactor, donde se aloja el reactor nuclear;
- el combustible, que es el material en el que tienen lugar las reacciones de fisión;
- las barras de control, que actúan como absorbentes de neutrones para que no se excedan en cantidad;
- los generadores de vapor, que dan el calor al agua para que se transforme en vapor;
- el edificio de contención, que blinda todo el sistema para que nada se escape a la atmósfera en caso de accidente;
- la turbina, que gira gracias a sus álabes, unas piezas en forma de palas como las de una hélice;
- el alternador, que produce la electricidad a partir del movimiento de la turbina;
- el transformador, que eleva la tensión de la electricidad generada para poder enviarla lejos y no perderla por el camino;
- el agua de refrigeración, que se toma de un río, embalse o el mar para licuar el vapor de agua;
- la torre de refrigeración, en la que se cede a la atmósfera parte del calor residual de todo el proceso, y
- el condensador, un conjunto de tubos por los que circula el agua de refrigeración y ayuda a condensar el vapor de agua.

De todos los componentes que acabamos de comentar, hay dos que llaman mucho la atención desde fuera: el edificio de contención, que tiene forma de cohete, y la torre de refrigeración, la parte más alta por la que sale una especie de humo blanco (que no es humo, sino vapor de agua condensado).

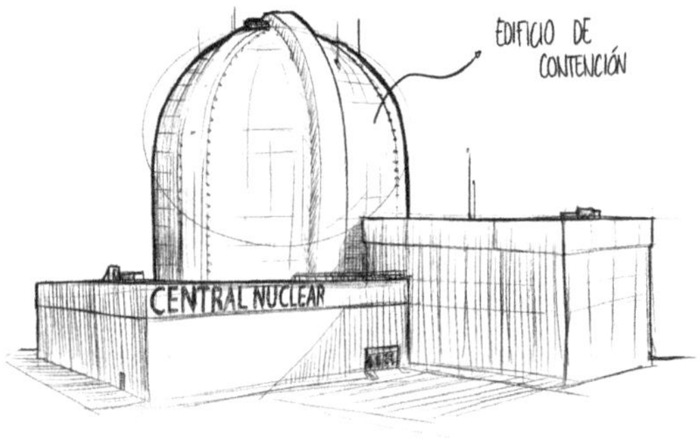

Figura 1. Edificio de contención de una central nuclear

El primero que vamos a conocer un poco mejor es el edificio de contención. Tiene un tamaño considerable y es de color gris porque está formado de hormigón, acero o una combinación de ambos. En su interior se amaga lo que podríamos considerar lo más peligroso de la central: la vasija del reactor, el combustible, las barras de control y los generadores de vapor (el resto de los elementos de la central no están metidos dentro de este caparazón de seguridad; pueden estar en el exterior sin ningún tipo de problema ya que no entrañan peligro).

Antes hemos comentado que la seguridad de las centrales nucleares es vital y todo debe estar bajo control. Si por algún motivo algo falla, hay muchos sistemas de seguridad que se activarían para prevenir el desastre. El combustible no va suelto, sino metido dentro de unos recipientes en forma de pastillas que se introducen en tubos o vainas metálicos. Las pastillas son de un tamaño parecido a las que nos tomamos cuando nos duele la cabeza, y están hechas de un material cerámico, que constituye la primera barrera de control. La vasija del reactor también es un mecanismo de seguridad, llena de controles y de barreras por si algo falla. Y el edificio de contención es la última barrera en caso de que haya un escape radiactivo. Es de un grosor considerable (por ejemplo, en la central nuclear de Almaraz, en Cáceres, el grosor de la parte cilíndrica es de 1,40 metros,[7] y el de la cúpula, de 0,75 metros), y su principal cometido es el de evitar la fuga de contaminantes radiactivos al exterior. Pero esta no es su única función, sino que también está diseñada para soportar las altas presiones y las temperaturas que en caso de accidente podrían generarse desde el interior. También debe proteger el reactor de posibles daños que vengan del exterior, como impactos de cualquier tipo de objeto, explosiones cercanas, incendios, terremotos o fenómenos meteorológicos adversos. El interior de la pared del edificio de contención se reviste con una plancha de acero al carbono de 6 a 10 mm de espesor,[8] es decir, más o menos un dedo. De esta manera el muro cuenta con una membrana contra escapes. La estructura y el diseño están preparados para soportar incluso el impacto de misiles e inundaciones.

Figura 2. Torre de refrigeración de una central nuclear

La segunda parte de la estructura de una central nuclear que más llama la atención es la torre de refrigeración. Pero, aunque es uno de los elementos más característicos, no todas las centrales nucleares cuentan con una. Las que están cerca del mar (como la central de Vandellós, en Tarragona) no suelen tener, ya que el agua del mar entra y sale sin problema de la central, y, al estar el mar abierto, no hay riesgo de que el agua recalentada tras el proceso de la refrigeración de la central tenga un impacto negativo en la costa. Pero las que están cerca de ríos o de lagos sí que suelen tener problemas, pues deben bajar la temperatura del agua del circuito de refrigeración para evitar que esta vuelva al río demasiado caliente y afecte más al ecosistema.

Dicho esto, hablemos de su forma. La torre suele estar hecha de hormigón y acero, y puede llegar a medir más de cien metros de altura. La figura que más se acerca a su forma se denomina *hiperboloide de revolución*, y es ideal porque soporta bien los fuertes vientos y no requiere un gran volumen de material por la superficie que tiene.[9] Para construir la torre, por ejemplo, en forma de cubo, se necesitaría muchísimo más material y el resultado sería menos resistente.

El funcionamiento de una torre de refrigeración es mucho más simple y sencillo de lo que todos nos imaginamos. Dentro de las toneladas de hormigón y acero tiene lugar un proceso de intercambio de energía muy básico en el que prácticamente no hay nada de tecnología: solo agua y tubos. Así de fácil. Y el principio básico de refrigeración es exactamente el mismo que el de cualquier sistema de refrigeración líquido.

Una central nuclear debe disipar la gran energía calorífica que genera en los procesos de reacción nuclear que antes hemos comentado, y la mejor manera de hacerlo es con agua. Esta avanza por un circuito cerrado en el interior de la central que, tras calentarse, se dirige hacia la parte externa, donde está la torre de refrigeración. En la base hay una gran rejilla

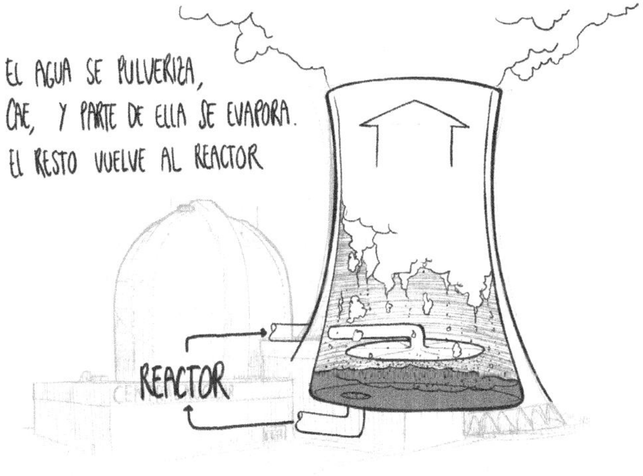

Figura 3. Representación conceptual de lo que ocurre dentro de una torre de refrigeración

(como en las que ponemos la carne en una barbacoa) y el agua se distribuye a través de ella por unos tubos. Esta especie de rejilla cuenta con pequeños agujeros por donde sale el agua pulverizada hacia abajo. A esas temperaturas tan altas, se crea automáticamente una especie de niebla que, en realidad, es vapor de agua condensándose en minúsculas gotitas formando una nube. A medida que va disminuyendo la temperatura, el agua se precipita hacia abajo y se canaliza otra vez para volver hacia el reactor y reanudar el proceso de refrigeración.

En este proceso una pequeña parte de agua se pierde al evaporarse, y... ¿adónde va a parar? Aquí viene la clave y lo que genera confusión a muchas personas, pues se cree que el humo blanco que sale de las torres de refrigeración de las centrales nucleares es nocivo: en realidad, ese humo blanco es una nube exactamente igual a las que tenemos en el cielo. Cuando sale el agua caliente de los pulverizadores, parte se evapora, convirtiéndose en vapor de agua. Pero al disminuir gradualmente la temperatura, este vapor de agua se condensa de nuevo formando minúsculas gotitas de agua que ascienden por la torre y que forman el «humo» blanco que vemos. El vapor de agua es transparente; de hecho, ahora mismo te rodea y no lo ves (si no lo hubiera en el ambiente, se te resecaría la garganta y los ojos, así como la piel, y deberías hidratarte a menudo). No obstante, dependiendo de las condiciones meteorológicas, la nube blanca que sale de una torre de refrigeración puede aguantar más o menos tiempo, y ser grande o pequeña. Si hay inestabilidad, humedad, cielo gris y bajas temperaturas, esta nube puede ser grande y aguantar mucho tiempo. En días secos, calurosos y soleados, todo lo contrario: es pequeña y dura poco. En algunas ocasiones han crecido auténticas nubes de tormenta encima de torres de refrigeración, ya que producen suficiente calor para generarlas, pero esto es muy difícil de ver. En el año 2023 está documentada[10] una nevada que cayó únicamente cerca de una central nuclear, pero lo hizo solo a un lado. Fue en la central

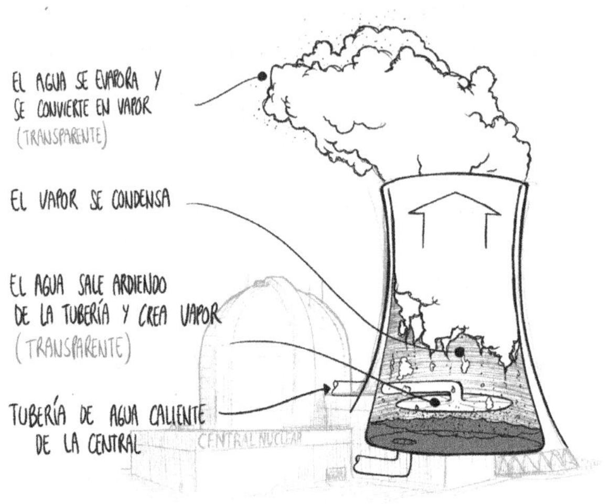

Figura 4. Formación de la nube blanca en una torre de refrigeración

de Shippingport, Pensilvania, en Estados Unidos; se achacó al efecto del calor de su torre de refrigeración, que generó una nube local que, empujada ligeramente por el viento y debido a las bajas temperaturas, acabó provocando que nevara.

En definitiva, para concluir: aunque mucha gente desconoce el funcionamiento de una central nuclear, en realidad, es algo mucho más sencillo de lo que nos imaginamos. El proceso nuclear puede que sí sea algo más difícil de entender, pero lo básico espero que lo hayas entendido. Y por si te interesara: los colegios más cercanos a centrales nucleares suelen visitarlas (yo lo hice) para que los alumnos vean lo grandes que son y las medidas de seguridad que hay. Recuerdo muchísimo las salas de control por la cantidad de ordenadores y datos que se podían ver. También recuerdo, y es lo que más me gustó, poder estar dentro de una torre de refrigeración (que no estaba activa, evidentemente). La acústica era muy curiosa y desde dentro todo se ve mucho más grande que desde fuera.

PROS Y CONTRAS DE LA ENERGÍA NUCLEAR

Pasemos ahora a uno de los temas más delicados de las centrales nucleares, pues la energía nuclear es muy poderosa y desde hace muchos años le hemos sacado un gran rendimiento, como hemos visto. Pero también tiene grandes amenazas, y son mortales. Por eso, su uso se pone en duda. Vamos a analizar este tema con sencillez y rigurosidad, con datos objetivos y dejando al lector sacar sus propias conclusiones.

Por una parte, se ha demostrado que son una gran fuente de energía. Hoy en día, las centrales nucleares aún suministran una parte muy importante de la energía que consumimos. En España, por ejemplo, el 20% de la energía eléctrica consumida se genera gracias a ellas.[11] En algunos momentos de máximo consumo, cuando el resto de las energías no pueden generar mucha electricidad, se tira más de la nuclear. Y al revés también: si las renovables generan más, se rebaja la nuclear. Así, la ventaja de las centrales nucleares es que podemos generar la energía bajo demanda, cuando queramos, cosa que no ocurre con la mayoría de las renovables.

Aparte de ser una energía que podemos obtener bajo demanda, otra ventaja es que sus costes de funcionamiento son bajos. A pesar de que el acceso a los combustibles es complicado, una poca cantidad de combustible genera una alta producción energética, con lo cual tiene muy buen rendimiento. También hay que remarcar que en el proceso que tiene lugar en la central nuclear no se emite ningún tipo de gas de efecto invernadero que contribuya al cambio climático. Por este motivo, la energía nuclear se considera una energía limpia, pero solo en el proceso de la generación de la energía. La extracción del combustible sí emite gases de efecto invernadero, tal y como recuerdan las ONG ambientalistas.[12] Al tratarse de un tipo de energía considerada limpia, es una buena opción para reducir la dependencia de los combustibles fósiles y también para los países que no pueden acceder a estos.

Por la otra parte, la energía nuclear lleva asociados grandes peligros en caso de accidente y genera residuos que pueden perdurar durante miles de años. Vamos a analizar los contras de las centrales nucleares, porque no todo es tan simple como parece.

Empezamos con los peligros que tiene la producción de energía a través de las centrales nucleares. El principal: cuando se produce la energía nuclear, se genera radiación. Está más que controlada, ya que las centrales nucleares cuentan con sistemas de contención y de seguridad contrastados que actuarían en caso de que algo no fuera bien. Pero la radiación presenta amenazas para muchos aspectos de la vida, entre las cuales las más graves son los efectos sobre la salud humana: a niveles altos nos puede provocar daños en tejidos y órganos,[13] quemaduras, caída de pelo y una larga lista de efectos secundarios que se alargarían mucho en el tiempo. Pero insisto: a pesar de ser un proceso que se puede descontrolar, hay muchas medidas de control.

El siguiente peligro que nos encontramos es el riesgo de accidente que podría acabar provocando, por ejemplo, una explosión. Siempre existe una posibilidad, aunque sea mínima, de que pueda ocurrir. Pero muy grave tiene que ser un accidente para que supere todas las barreras de contención y seguridad. Ante la más mínima sospecha de que algo no funciona bien, los sistemas automáticos provocan el paro de la central. Y, en caso de que esto no ocurriese, hay medidas suplementarias. La última de ellas, en concreto, es el gran edificio de contención que actúa como barrera física.

Otro de los peligros de las centrales nucleares es la emisión de calor. Parte del mismo se libera a la atmósfera y otra parte, a la fuente que suministra el agua de refrigeración. La emisión de calor al aire, como hemos comentado antes, puede llegar a generar nubes y tormentas, y aumentar la temperatura ambiental de la zona. Pero lo que tiene mayor impacto es cuando se devuelve el agua a su fuente, sobre todo en un río. La temperatura de esta agua es alta y, cuando va al mar, como es una masa tan grande, su impacto apenas afecta a la flora y a la fauna, pero en un río sí se nota. Los animales y la flora acuáticos son muy sensibles a los cambios de temperatura. Mientras que los seres vivos que vivimos fuera del agua nos podemos adaptar a cambios en un rango muy amplio, no pasa lo mismo en el medio acuático y algunas especies llegan a desaparecer de algunas zonas por minúsculos cambios de temperatura.

Asimismo, y como veremos ahora con más detalle, un gran problema de las centrales nucleares son los residuos radiactivos, que no se pueden reciclar ni reutilizar y son muy complicados de almacenar de forma segura.

Además, como nos podemos imaginar, la energía nuclear no es renovable. Una energía no es renovable cuando sus fuentes de origen se agotan en una escala de tiempo relativamente corta, más o menos la de la vida de un ser humano (por ello se denomina *escala de tiempo humana*). Los materiales que se usan como combustible, por ejemplo, el uranio, que se obtiene de la extracción mineral, son finitos y se espera que se agoten en un plazo aproximado de menos de cien años.

Por último, no podemos despedir este capítulo sin hablar del peor uso que el ser humano le da a la energía nuclear: las guerras. Se ha utilizado en armas de destrucción masiva, cuyo objetivo es causar muerte o daño a un gran número de personas de forma indiscriminada. Las bombas de Hiroshima y Nagasaki, lanzadas en 1945, son un triste ejemplo; mataron aproximadamente a doscientas mil personas, incluyendo las víctimas directas y las que fallecieron posteriormente por los efectos de la radiación. Una bomba nuclear provoca una reacción de fisión en cadena que libera una energía desmesurada en forma de calor y una explosión. Las modernas usan la fisión, la fusión y explosivos químicos.[14] Y, aunque parezca surrealista, sí existe un Tratado sobre la Prohibición de las Armas Nucleares desde el año 2021 que, tal y como dice su nombre, prohíbe el uso de material nuclear en conflictos bélicos. Pero, como podemos suponer, no ha sido firmado por todos los países, y el uso de armas nucleares se ha empleado como amenaza en más de una ocasión.

Así que, en conclusión, nos encontramos con un gran dilema que no es fácil de resolver: una fuente de energía muy grande, eficiente y fiable, pero, a la vez, una energía que supone unos terribles peligros.

Algunos países están desmontando las centrales nucleares por muchos motivos, tanto políticos como económicos o de envejecimiento de las instalaciones. Pero un motivo de peso es la preocupación social sobre los riesgos asociados a este tipo de energía. Si nos dejaran escoger, creo que todos estaríamos a favor de su cierre, porque nos hipotecan durante miles de años con sus residuos y siempre hay riesgo en caso de accidente, pero hay que evaluar muy bien esta decisión porque no es tan fácil.

ALMACENAMIENTO DE RESIDUOS RADIACTIVOS

El combustible gastado en las centrales nucleares puede seguir siendo radiactivo durante miles de años:[15] el plutonio-240, por ejemplo, tiene una vida media de 6.560 años,[16] y el neptunio-237, de 2.130.000 años.[17] Estos residuos no los podemos eliminar, de modo que no hay otra solución que almacenarlos de forma indefinida (para nuestros tiempos, claro, tal vez en miles de años se podrán desenterrar y tratar). Este almacenamiento se hace de forma ordenada y siguiendo un proceso.[18] Veámoslo.

Durante los primeros años, el combustible gastado se tiene que almacenar en las piscinas de combustible de las propias centrales para reducir la carga calorífica, que es la cantidad de calor que genera un residuo nuclear debido a su radiactividad. Estas piscinas se construyen de hormigón armado, sus paredes se recubren de acero y se llenan de agua. El agua enfría el combustible nuclear usado y absorbe la radiación. Posteriormente, los residuos van a parar durante los siguientes veinte a sesenta años a los Almacenes Temporales Individualizados (ATI) en la misma central. Si no disponen de ellos, se llevan a un Almacén Temporal Centralizado (ATC) independiente al emplazamiento de la central, o bien a Almacenes Temporales Descentralizados (ATD). Todos los países con centrales nucleares tienen estas instalaciones. Finalmente, los residuos pasan a su lugar de almacenamiento definitivo: un Almacenamiento Geológico Profundo (AGP) independiente de las centrales nucleares. No todos los países cuentan con uno, si bien es el modo de almacenamiento más aceptado internacionalmente y considerado más favorable y seguro por la comunidad técnica para la última etapa de gestión de los residuos. Se llama así porque el almacenamiento tiene lugar en el interior de formaciones geológicas estables a unos 500-1.000 metros de profundidad. Los residuos se introducen en un contenedor de metal resistente a la corrosión —como el acero o el cobre—, y luego se almacenan bajo tierra, taponados con materiales absorbentes y bajo un terreno muy impermeable. Según el Consejo de Seguridad Nuclear,[19] los tipos de formaciones geológicas más usados son las arcillas, las sales, las rocas magmáticas, el granito, el gneis, el basalto o la toba.

A partir de este momento, el almacenamiento de los residuos queda en manos de las próximas cientos o miles de generaciones a no ser que alguna de ellas aprenda a reciclarlas o a desactivar su radiactividad —o a que la vida humana se haya terminado antes—. Este es el principal motivo por el que no es ético el uso de centrales nucleares, porque trasladamos el problema a otras generaciones. Es como si pidiésemos una hipoteca e impusiéramos el pago final dentro de miles de años. No lo pagaremos nosotros, sino los que vivirán entonces.

ACCIDENTES NUCLEARES

Durante toda la historia se han producido varios accidentes en centrales nucleares, por suerte, casi todos menores, pero ha habido dos muy graves. Los dos peores accidentes de la historia fueron el de Chernóbil (Ucrania) en 1986 y el de

Fukushima (Japón) en 2011. Vamos a despedir el capítulo explicando la cara más negra de este tipo de energía.

El accidente de Chernóbil fue humano y se debió a un mal diseño del reactor, a un error de los operadores y a la escasez de medidas de seguridad. Durante un ensayo de seguridad, los operadores desactivaron sistemas de seguridad que no deberían haber desactivado, lo que provocó un aumento descontrolado de la potencia del reactor, lo que llevó a una posterior explosión y a un incendio. Aparte de otros fallos de diseño que ahora no vienen al caso, dicho reactor no tenía recinto de contención. Todo esto hizo que se liberara a la atmósfera una gran cantidad de material radiactivo, y las personas que fueron a sofocar el incendio sufrieron las graves consecuencias de la radiación.

Actualmente un gran sarcófago de hormigón y acero cubre la zona afectada, pero estos armatostes no son eternos. De hecho, ya ha tenido dos sarcófagos: uno en 1986, construido de forma urgente tras el accidente, y otro en 2019. Treinta y una personas murieron en el momento del accidente, pero calcular las que acabaron falleciendo es realmente difícil y las fuentes oficiales no se ponen de acuerdo. Según Greenpeace,[20] son más de 200.000 y se prevén 93.000 más por cáncer. Os recomiendo el libro *Voces de Chernóbil*, de la premio Nobel de Literatura Svetlana Aleksiévich, donde se describe con detalle y crudeza lo que tuvieron que vivir los afectados. La escritora y periodista bielorrusa lo publicó originalmente en ruso en 1997 y fue traducido a otros idiomas posteriormente. En 2019, la plataforma de *streaming* HBO estrenó una serie de cinco capítulos titulada *Chernobyl* inspirada en el libro de Aleksiévich. A diferencia del libro, en la serie podemos ver los motivos exactos que provocaron la gran catástrofe, ya que se reproduce de forma fiel el juicio que condenó a los culpables.

El accidente de Fukushima fue distinto. El origen fue un terremoto de magnitud 9,0 y un posterior tsunami. Las primeras noticias dijeron que el nivel del mar subió hasta los 10 metros, pero estudios posteriores elevaron hasta los 21 metros de altura la cifra.[21] Cuando los sistemas de la central detectaron el terremoto, los reactores se apagaron automáticamente, pero se activaron los generadores diésel porque el refrigerante tenía que seguir circulando (al apagar los reactores se sigue generando calor durante un tiempo). Pero el nivel del agua superó los diques de contención, e inundó las plantas con agua y apagó los generadores diésel de emergencia. La falta de refrigeración provocó que se produjeran explosiones y la liberación radiactiva a la atmósfera. A diferencia de Chernóbil, en Fukushima solo hubo un fallecido y rápidamente se evacuó a toda persona que viviese en un radio de 20 kilómetros.

Ambas tragedias han sido terribles, pero podemos pensar que, al menos, de cada accidente se aprenden cosas y se mejora la seguridad no solo de la central afectada, sino también del resto para evitar vernos en una circunstancia similar nunca más.

DATO CURIOSO

¿A cuántas familias puede suministrar energía una central nuclear?

A lo largo de las páginas que hemos dedicado a la energía nuclear se ha destacado varias veces el enorme poder energético que tiene su producción.

Llegados a este punto, y tras conocer mucho ya acerca de este tipo de energía, toca poner cifras a lo que nos dan las centrales, para que así nos podamos hacer una mejor idea de su poder.

Foro Nuclear ha realizado el cálculo que nosotros queremos conocer tomando de referencia una central que usa dióxido de uranio (UO_2) como combustible.[22] Si la central produce anualmente unos 8.500 GWh (gigavatios-hora), o lo que es lo mismo, 8.500.000.000 kWh (kilovatios-hora), y teniendo en cuenta que el consumo anual de una familia española formada por cuatro personas es de entre 3.500 y 5.000 kWh, haciendo la división obtenemos que la producción anual de una central nuclear da suministro a unos 1,7-2,4 millones de familias u hogares. Es una cifra descomunal.

También se ha realizado la equivalencia energética de distintos tipos de materia prima para que nos hagamos una idea del inmenso poder que tiene el combustible que usan las centrales nucleares. 5 gramos (g) de uranio equivalen a 1.000 kilogramos (kg) de carbón, 565 litros (L) de petróleo y 480 metros cúbicos (m^3) de gas. Lo anterior está bien escrito: son 5 gramos, no 5 kilos. Es más o menos la mitad de lo que hay en un sobre de azúcar. Y tan solo esta cantidad genera la misma energía que una tonelada de carbón o tres bañeras llenas de petróleo.

Con una cantidad muy pequeña de combustible podemos generar muchísima más energía comparada con otros combustibles, pero siempre sin olvidar el elevado precio que hay que pagar por esto, como son los residuos que permanecerán radiactivos durante miles de años.

Capítulo 2

La energía electromagnética

Llegamos al segundo tipo de energía que vamos a estudiar en este libro. No es menos importante que la primera, y a lo largo de estas páginas descubriremos que posiblemente es la energía más especial y distinta respecto al resto.

El *magnetismo* es el fenómeno físico por el cual ciertos materiales se atraen o se repelen debido al movimiento y a la organización de las cargas eléctricas de su interior. La energía electromagnética se denomina así porque es una forma de energía que se propaga por el espacio en forma de ondas gracias a la interacción de campos eléctricos y magnéticos. Cuando nos referimos a la palabra *espacio* no queremos decir el espacio exterior, a toda la región del universo que se encuentra más allá de la atmósfera terrestre, sino al lugar en el que nos encontramos. De hecho, la energía electromagnética nos rodea, y a la vez atraviesa nuestro cuerpo sin que esto nos afecte. Y quizá su rasgo más llamativo es que, en el aire, viaja prácticamente a la velocidad de la luz (en el vacío, sí que alcanza exactamente la velocidad de la luz). Además, no necesita ningún tipo de material para transmitirse. Podemos encontrarla a nuestro alrededor generada de forma natural o artificial. De forma natural está la radiación solar, por ejemplo. De forma artificial, en casa tenemos muchas fuentes de este tipo de energía, como el microondas, el teléfono móvil, las lámparas o una simple radio. Veremos algunos de estos casos porque cada uno de ellos tiene una peculiaridad distinta.

En 1820 el físico danés Hans Christian Oersted descubrió la relación entre la electricidad y el magnetismo al demostrar que una corriente eléctrica podía desviar una aguja magnética, como la varilla imantada que va dentro de la brújula.[1] Posteriormente vinieron otros científicos cuyos apellidos (si haces un poco de memoria del instituto) te van a sonar mucho y que sentaron las bases y ampliaron el conocimiento del electromagnetismo, como Michael Faraday, James Clerk Maxwell o Heinrich Hertz. Por si acaso:

Michael Faraday descubrió la inducción electromagnética, que consiste en la creación de corriente eléctrica a través de un conductor debida a la variación del campo magnético que lo atraviesa. El ejemplo más sencillo de este efecto lo tenemos en las linternas que funcionan con una manivela que gira. Son las luces dinamo que veremos con detalle más adelante. Al girar la manivela, se mueve un imán dentro de una bobina y se produce la electricidad que ilumina la pequeña bombilla.

James Clerk Maxwell, por su parte, formuló las famosas ecuaciones que llevan su nombre. Estas son cuatro leyes fundamentales que describen la relación entre los campos eléctricos y los campos magnéticos, y cómo su interacción da lugar a las ondas electromagnéticas:

1. la ley de Gauss para el campo eléctrico dice que las cargas eléctricas crean un campo eléctrico,
2. la ley de Gauss para el campo magnético formula que todas las líneas de un campo magnético son cerradas,
3. la ley de Faraday, que un campo magnético que cambia produce electricidad, y
4. la ley de Ampere-Maxwell, que la electricidad en movimiento produce magnetismo.

Por último, Heinrich Hertz demostró experimentalmente la existencia de las ondas electromagnéticas. En su laboratorio generó chispas eléctricas que producían ondas electromagnéticas y logró detectarlas a cierta distancia, comprobando que se propagaban por el espacio físico sin necesidad de cables. Su descubrimiento fue tan importante que la unidad que usa el Sistema Internacional para medir la frecuencia de las ondas electromagnéticas recibe su nombre: el *hertz* (Hz). En español, lo traducimos como *hercio*.

Posiblemente, cuando hayas leído esto te haya venido a la mente algún recuerdo de las clases de física del instituto y quizá, a la vez, alguna pesadilla. No sufras. Es todo mucho más fácil de lo que pensamos. El secreto para entender las ondas electromagnéticas se basa en tener bien presente que estas ondas se clasifican en función de su longitud de onda y de su frecuencia, y que el rango completo de estas ondas forma lo que se conoce como *espectro electromagnético*. Y todo, absolutamente todo de las ondas electromagnéticas, lo encontramos en algún punto u otro dentro de este espectro electromagnético. Esta es la clave.

Con lo que acabas de leer quizá te he asustado aún más, pero lo verás todo más claro cuando abordemos qué son la frecuencia y la longitud de onda.

LA FRECUENCIA

Vamos por pasos y empecemos por la frecuencia. Antes de centrarnos en su significado físico, pensemos en cuándo utilizamos nosotros esa palabra en nuestra vida diaria, ya que está muy normalizada: para hablar de cuántas veces vamos al baño, entrenamos en el gimnasio, tenemos un mal día o llueve. Así que tenemos claro que es el número de veces que se repite un proceso, que suele ser periódico, en una unidad de tiempo.

Es importante delimitar el tiempo siempre: la frecuencia con la que vamos al baño cada día, la frecuencia con la que vamos al gimnasio cada semana, la frecuencia con la que nos encontramos mal cada mes o la frecuencia con la que llueve en verano... Si no, puede que la respuesta que estemos dando no se ajuste a la que nos está pidiendo.

Entonces, para resumir: la frecuencia de una onda electromagnética (que se representa con la letra f) indica la velocidad a la que oscila o vibra en una unidad de tiempo. Concretamente, en un segundo. Y, como avanzaba, la unidad del Sistema Intencional de Unidades que se usa es el hertz (Hz), y 1 hertz representa un ciclo por segundo.

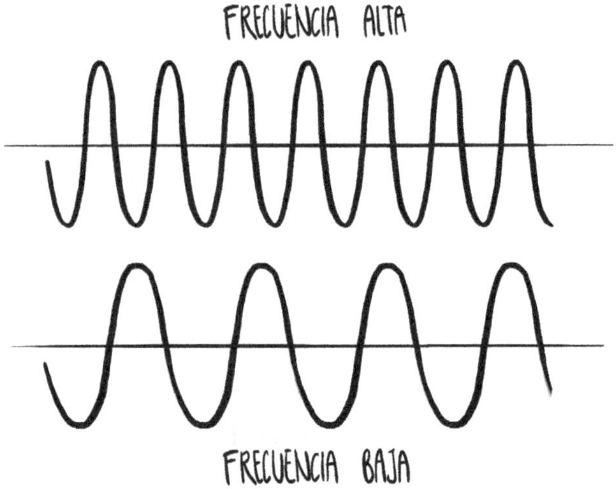

Figura 5. Diferencia entre una frecuencia alta y una frecuencia baja

Ya tenemos la frecuencia. Ahora vamos con el segundo término en discordia: la longitud de onda.

LA LONGITUD DE ONDA

Aquí ya no tenemos la ayuda de la lengua porque no usamos este término en nuestro día a día, pero *longitud* ya nos está dando alguna pista. La longitud de onda es la distancia que hay entre dos puntos consecutivos de una onda que están en la misma fase. Dos puntos están en la misma fase cuando se encuentran, por ejemplo, los dos en el punto valle o en la cresta, o bien en cualquiera que coincida con el otro; y su longitud es la distancia que hay, por ejemplo, entre dos crestas de la ola o entre dos valles.

La longitud de onda se mide en metros (m) y se representa con la letra del alfabeto griego lambda (λ).

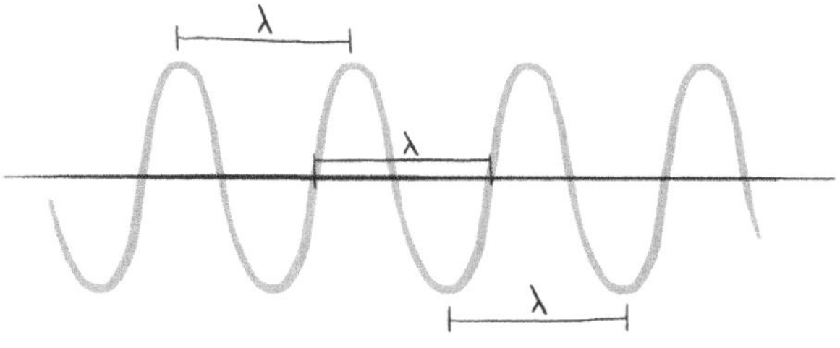

Figura 6. Así se mide la longitud de onda (λ)

Ahora que ya conocemos exactamente lo que son la frecuencia y la longitud de onda, lo tenemos todo ganado. A medida que vayamos cambiando uno u otro, obtendremos un tipo diferente de onda. Podemos imaginarnos una ola que va muy lenta, o muy rápida, a la hora de subir y bajar, y que puede ir de pocos centímetros hasta varios kilómetros. La relación entre la frecuencia y la longitud de onda es inversa: a menor frecuencia, mayor longitud de onda, y al revés.

Después lo veremos con más detalle cuando hablemos de la radio y las ondas electromagnéticas de los aparatos que tenemos en casa, pero para abrir boca: las ondas de radio son las frecuencias más bajas. Y en su caso, como la frecuencia es muy baja, la longitud de onda será muy grande.

EL ESPECTRO ELECTROMAGNÉTICO

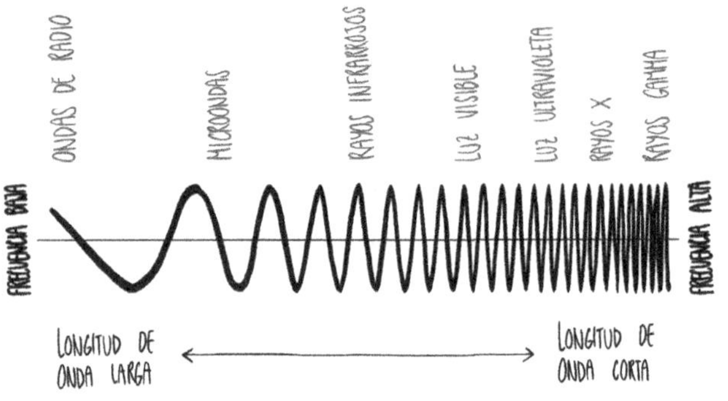

Figura 7. El espectro electromagnético

En la imagen anterior podemos ver representado qué tipo de onda electromagnética podemos obtener dependiendo de la longitud de onda y la frecuencia. En la parte izquierda partimos de las longitudes de onda más largas, las ondas de radio, que se corresponden con una frecuencia baja. En la derecha, los rayos gamma, que tienen una longitud de onda corta, pero una frecuencia alta.

Hay un gran abanico de longitudes de onda y de frecuencias dentro de las ondas electromagnéticas. Por este motivo podemos dividir la energía electromagnética en siete tipos dependiendo de los dos valores anteriores: las ondas de radio, las microondas, los rayos infrarrojos, la luz visible, la luz ultravioleta, los rayos X y los rayos gamma.

Vamos a describir cada uno de ellos, descubriremos sus aplicaciones y localizaremos dónde podemos encontrarlos en nuestros hogares. Pero de momento quiero destacar una cosa por encima del resto: la luz visible. Esta es la única que podemos ver con nuestros ojos, por eso lo denominamos *espectro visible*. A pesar de que solo encontramos este tipo de onda en una zona bien concreta del espectro electromagnético, ahí están todos los colores, cada uno con su longitud de onda, aunque estén dispuestos en un rango tan pequeño.

LAS ONDAS DE RADIO

El primer tipo de energía electromagnética que vamos a estudiar son las ondas de radio. Como hemos visto, se caracterizan por tener una longitud de onda muy larga y una frecuencia muy baja. De hecho, de las más bajas de todo el espectro electromagnético. Estas ondas son utilizadas por una multitud de aparatos tecnológicos, como la radio —que lleva el nombre de este tipo de onda—, la televisión, todo tipo de comunicaciones móviles o las transmisiones vía satélite.

Para poder escuchar algo en la radio necesitamos un emisor, es decir, alguien que genere algún tipo de onda con un contenido. Pensemos en nuestra emisora de radio favorita: esta crea un contenido y genera una señal eléctrica con toda la información de música, voz, etc. En las radios antiguas tenemos la opción de escoger dos tipos de señales: AM (amplitud modulada) y FM (frecuencia modulada). La primera tiene un alcance más amplio y modula la altura de la onda de radio, es decir, su amplitud. La segunda modula la frecuencia y tiene un menor alcance, pero mayor calidad de sonido.

La información contenida en la señal eléctrica se codifica y se modula, convirtiéndose en una onda electromagnética que se envía a través de una antena transmisora, que siempre es omnidireccional, es decir, transmite las ondas hacia todas las direcciones. Además, pueden tener muchas formas distintas, pero la más común es la de mástil vertical con alambres horizontales de acero, cobre o aluminio, y siempre deben estar en alto para evitar interferencias con edificios y obtener una mayor cobertura. Así, si contamos con una pequeña radio, al marcar la frecuencia de nuestra emisora favorita recibiremos la onda electromagnética que tenga esa misma frecuencia, y la demodulación (el proceso de extracción de la señal original) convertirá esta onda en una señal eléctrica exactamente igual que la que ha generado la emisora en sus instalaciones, aunque con un poco de ruido y distorsión, porque se pierde parte de información por el camino. Como lo que queremos es escucharla, esta onda eléctrica se transformará en una onda mecánica, una perturbación que se propaga a través de un medio, en este caso, el aire, transportando energía sin transportar materia. Y así llega hasta nuestros oídos a través de los altavoces de la radio.

La telefonía móvil usa las ondas de radio para transmitir señales de voz y datos. Lo hace codificando la información de una manera muy parecida a como lo hace la radio: transformando una señal eléctrica en una onda de radio. Algunas personas consideran que tener un móvil cerca es perjudicial para la salud porque al llamar por teléfono se nota calor en la zona de la oreja. Este efecto se debe principalmente al calentamiento del propio dispositivo y a la falta de ventilación al estar en contacto directo con la piel. En realidad, las ondas de radio sí pueden producir un calentamiento muy leve de los tejidos, pero este es mínimo y no implica ningún riesgo para la salud. Lo que sí hay que tener en cuenta es que las ondas que generan los teléfonos móviles pueden interferir en otros tipos de sistemas electrónicos sensibles, como las señales de comunicación y navegación de los aviones. Por este motivo se pide siempre poner en modo avión los móviles durante el vuelo.

Otra curiosidad relacionada con los teléfonos móviles es la pérdida de cobertura dentro de un ascensor: se da porque el ascensor es una jaula de Faraday y bloquea las ondas electromagnéticas que vienen del exterior. La jaula de Faraday, que lleva el nombre del conocido científico británico Michael Faraday, es un concepto de física que describe el efecto por el cual un conductor metálico impide que un campo electromagnético externo penetre en su interior. Esto quiere decir que, aunque al contenedor le llegue una descarga eléctrica o esté sometido a un campo eléctrico exterior, en condiciones normales, lo que sea que contenga no sufrirá ninguna consecuencia. Los aviones, los microondas o los ascensores, por ejemplo, son jaulas de Faraday.

Para terminar esta parte de las ondas de radio hay que recordar que, en nuestros hogares, más cosas funcionan gracias a ellas: nuestro módem nos facilita el wifi y el televisor recibe la señal a través de las ondas (si bien hoy en día ya lo hace en la mayoría de los casos por internet). Y fuera de nuestras casas hay muchísimos sistemas que usan las ondas de radio para su funcionamiento: los radares de velocidad de las carreteras, los radares meteorológicos, los radares de navegación de aviones y barcos, las grandes antenas de observatorios astronómicos, la radiofrecuencia en medicina para tratar el dolor o en tratamientos estéticos, las resonancias magnéticas, etc. Hay un sinfín de aplicaciones de las ondas de radio. Y es cierto que estas ondas atraviesan nuestro cuerpo. Hay personas que consideran que tener una antena cerca o que nos crucen ondas como las del wifi a poca distancia puede ser perjudicial para la salud. Esto no representa, en realidad, ningún tipo de problema. En cambio, no debe pasar nunca que las ondas de algunos electrodomésticos, como las del microondas, se escapen hacia el exterior. En este caso sí hablaríamos de graves efectos para nuestra salud.

Las microondas

El siguiente tipo de energía electromagnética que toca ver son las microondas. Estas tienen una longitud de onda más pequeña que las ondas de radio y una frecuencia mayor. Se usan, como en el caso anterior, en comunicaciones inalámbricas y en algunas frecuencias de radares. También en otros sectores como en la industria (para el calentamiento de materiales), en el secado (ya que provocan la evaporación del agua) y el proceso de curado de plásticos y cerámicas (pues permiten generar calor desde dentro hacia fuera dado que pueden penetrar en el material),[2] o incluso en medicina (con terapias de calentamiento para tratar lesiones) o en física (para examinar moléculas y materiales a nivel atómico).

Para generar las microondas empleamos un magnetrón, que es un tubo en forma cilíndrica en el que se aceleran electrones producidos por un componente llamado cátodo. En el

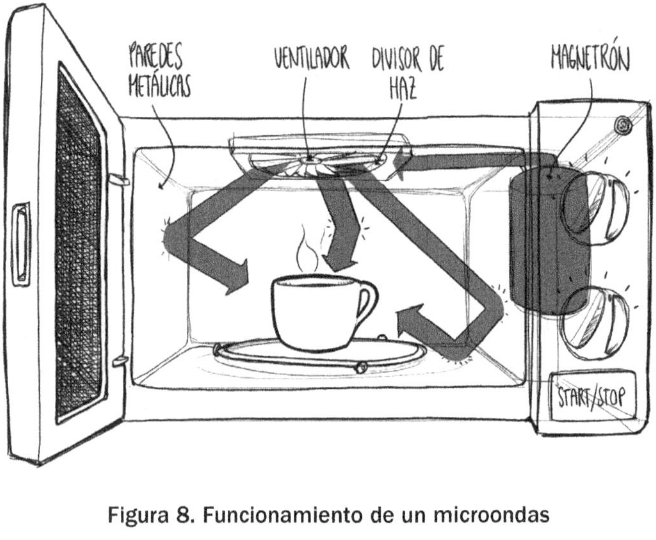

Figura 8. Funcionamiento de un microondas

electrodoméstico, las microondas logran penetrar en lo que ponemos dentro y excitan las moléculas de agua que contienen produciendo calor. Las microondas no deberían salir de los hornos microondas, que están diseñados para contener la radiación: funcionan como una jaula de Faraday. Están recubiertos de una estructura metálica que evita que las ondas que calientan la comida también hagan lo mismo con otras cosas que haya en la cocina. O incluso, con nosotros mismos. Qué horror.

Para concluir con las microondas, tienen una característica muy curiosa y es que todos los cuerpos calientes emiten radiación electromagnética, y parte de esta radiación está dentro del espectro de las microondas. Eso sí, las microondas se generan en cantidades muy pequeñas. Nuestros cuerpos, por ejemplo, también las producen. Y el Sol también, junto con otro tipo de ondas, como la luz visible y los rayos ultravioletas.

Los rayos infrarrojos

Seguimos reduciendo la longitud de onda y aumentando la frecuencia, y ahora les toca el turno a los rayos infrarrojos. Los situamos entre las microondas y la luz visible, y cuando nos acercamos a la luz visible, observamos un efecto especial: como aún no estamos en la luz visible, pero casi, esta radiación no la vemos, pero la percibimos en forma de calor. El Sol es el mejor ejemplo. No podemos ver sus rayos infrarrojos, pero sí los notamos en forma de calor y una sobreexposición nos puede provocar, evidentemente, graves daños.

Los rayos infrarrojos se usan en casa para varias cosas. El mando de la televisión o el del aire acondicionado funcionan a través de rayos infrarrojos, así como los mandos teledirigidos de los juguetes, algunas vitrocerámicas, los termómetros que miden la temperatura a distancia —tanto la corporal como de los alimentos—, algunas cámaras de vigilancia, estufas antiguas con resistencias que se ponen al rojo vivo para calentar... Fuera de nuestros hogares tenemos también muchos sistemas que usan los infrarrojos: las cámaras de visión nocturna, que van muy bien para encontrar personas desaparecidas, por ejemplo; o en la industria, para saber qué maquina emite más calor o por dónde se escapa el calor en algunos procesos. También se usa en fisioterapia para reducir el dolor, aliviar contracturas y mejorar la circulación. En astronomía, permite hacer un estudio espectroscópico de los objetos celestes: a través de los infrarrojos podemos conocer, gracias a la radiación que nos manda una estrella, cuáles son sus propiedades:[3] composición química, temperatura, velocidad, etc. Es impresionante que podamos saber estas cosas solo con la luz que recibimos. Los meteorólogos también sacamos mucho partido a los infrarrojos: cuando trabajamos de noche y necesitamos imágenes de satélite, desde el espacio se ve todo oscuro, lógicamente, pero los satélites tienen cámaras infrarrojas que nos mandan fotografías de las nubes incluso de noche. (Las nubes más frías, que son las más altas, aparecen de forma más opaca en las fotografías de satélite; las más bajas, como las nieblas, por ejemplo, que no tienen una temperatura tan fría, aparecen muy tenues).

Como la luz infrarroja está tan cerca de la visible, hay algunos animales que son capaces de verla o de percibirla de alguna manera: murciélagos, serpientes, algunos insectos y algunas aves. La usan, básicamente, para orientarse, cazar o evitar depredadores. Pueden hacerlo porque tienen el cuerpo adaptado. Algunos tienen células en los ojos que les permiten verla o, como los mosquitos, en lugar de verla, la detectan gracias al calor que emiten los cuerpos.

La luz visible

Nos adentramos por fin en la región del espectro electromagnético más amable de todas y la que nos hace la vida más bonita y feliz: la luz visible. A nosotros nos permite observar y situarnos en el mundo que nos rodea. Podemos ver relieves, localizar comida o adivinar peligros que se nos acercan, por ejemplo. La luz visible también nos regala el color, que tan importante es para nuestra vida; no solo para diferenciar las instrucciones de los semáforos, sino también como cuestión de supervivencia al detectar el cambio en algunos alimentos que se han puesto malos, sin ir más lejos. La luz visible nos ha abierto un gran abanico de oportunidades en este mundo. Y mucho más a ciertos seres vivos. Las plantas, sin ella, no tendrían alimento: realizan la fotosíntesis gracias a la luz visible y a través de ella obtienen su energía. Pero lo dejaremos aquí, que si no podríamos estar hablando páginas y páginas sobre la luz visible.

El mundo de la luz visible lo podemos dividir en dos equipos: los emisores de luz y los que reflejan la luz. Tenemos emisores naturales como el Sol, las estrellas, los relámpagos, el fuego, los animales bioluminiscentes, etc. Luego están los artificiales, como las bombillas, las lámparas, las linternas o una larga lista de objetos que ha creado el ser humano y que generan luz. Y aún podemos ver el resto de los objetos, aunque no emitan luz, porque la reflejan. Si reflejan toda la luz que reciben del Sol, los vemos de color blanco. Otros solo reflejan algunas longitudes de onda, motivo por el cual vemos algún color. También los hay que apenas reflejan luz y que vemos negros: son los objetos que absorben la luz. En este último caso, hay un negro muy especial, que absorbe el 99,96% de la luz que le llega y está considerado el negro más negro que existe. Se trata de un pigmento creado por una empresa y que se ha bautizado como Vantablack. Es lo más parecido a un agujero negro que pueden ver nuestros ojos. Incluso la oscuridad que nos parece apreciar de noche cuando vamos al baño o dentro de un bosque es menos negra que esto.

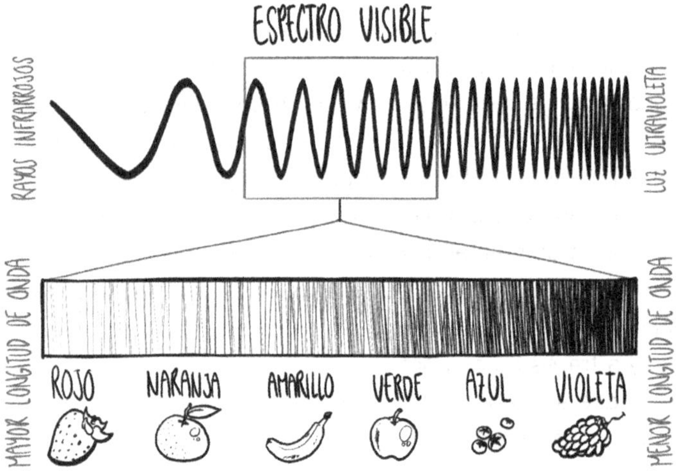

Figura 9. Los colores en el espectro visible

Es importante entender por qué vemos los colores que vemos de los objetos. Vamos a poner de ejemplo un jersey de color verde. El color cambiará un poco si estás fuera o dentro de casa, porque no recibe el mismo tipo de luz, pero, en cualquier caso, cuando la luz incide en el tejido, el jersey absorbe todos los colores del espectro visible excepto el color verde, que lo refleja. Y este es el color que realmente ven nuestros ojos. Así que el color que percibimos, en realidad, es el color que un objeto ha rechazado. No deja de ser curioso, ¿verdad?

DATO CURIOSO

¿Cuántos colores puede ver el ojo humano?

Según el Institut Català de la Retina (ICR) el ojo humano puede diferenciar hasta 10 millones de colores.[4] La retina tiene dos tipos de células fotorreceptoras que detectan la luz y reaccionan frente a ella: los conos y los bastones. Los conos se ven estimulados en entornos de mayor iluminación, y los bastones, en condiciones de baja luminosidad. De media, las personas tienen 6 millones de conos y 110 millones de bastones. Cuando a estas células les llega la luz, envían una señal por el nervio óptico hasta el córtex visual del cerebro, que interpreta la cantidad de conos y bastones activados y la fuerza de la señal que envían, creando así el color que vemos finalmente.

La luz ultravioleta

Seguimos avanzando de izquierda a derecha en el gráfico de longitudes de onda y frecuencias y llegamos a la luz ultravioleta. Ahora nos situamos entre la luz visible y los rayos X. Cada vez tenemos una longitud de onda más pequeña y una frecuencia más alta.

Posiblemente a algunos la luz ultravioleta les recuerde a algunas escenas de la serie *CSI*, en la que los investigadores, con linternas de rayos ultravioleta, buscan restos biológicos en escenarios de crímenes. No van muy desencaminados. Es uno de los muchos usos que tiene este tipo de radiación electromagnética: la revelación de manchas de fluidos corporales. Cuando este tipo de luz incide y hay restos, estos reaccionan y se hacen visibles en forma de brillo. Pasa lo mismo con ciertas drogas. Y te habrás fijado en lo que hacen algunos dependientes de tiendas desconfiados cuando les das un billete superior a 20 euros: lo someten a luz ultravioleta para comprobar si tiene las marcas de seguridad invisibles a la luz visible y saber que no son falsos. Esas marcas son muy difíciles de replicar y no solo las encontramos en billetes, sino también en otros documentos oficiales como pasaportes, billetes de transporte, carnés de todo tipo y otros documentos oficiales.

La luz ultravioleta también se usa para más cosas, como esterilizar superficies, aire y agua. Los barberos tienen esterilizadores que llaman la atención precisamente por este color azul tan característico. En algunos tratamientos médicos se usa también la luz ultravioleta, por ejemplo, para inactivar microorganismos, o en la industria, para endurecer materiales. También lo hace nuestro dentista cuando aplica algún tipo de material a nuestros dientes: usa la luz ultravioleta para secarlo, lo mismo que los centros de estética cuando nos hacemos las uñas. Hay más usos, como la pasteurización de bebidas o la inspección de obras de arte en las que la luz ultravioleta desvela detalles que a simple vista quizá no vemos, como la fluorescencia o restauraciones. Y no podemos olvidar las lámparas UV que hay en centros de belleza para broncearse simulando la luz solar. (Aquí hay que matizar que una exposición inadecuada y sin las protecciones necesarias a la luz ultravioleta puede provocarnos quemaduras en la piel, daños en los ojos y hasta alergias y efectos en el sistema inmunológico. Por este motivo siempre se recomienda el uso de cremas solares, que actúan a modo de pantalla de este tipo de radiación. Las cremas contienen un componente denominado «sustancia activa» que reacciona con la radiación ultravioleta y absorbe una gran parte).

DATO CURIOSO

Los colores que ven los animales

Hay muchas falsas creencias acerca de cómo los animales ven el color. Una de ellas es que los perros y los gatos solo ven en blanco y negro. Los perros, en realidad, ven tonalidades azuladas, amarillentas o grisáceas, mientras los gatos distinguen matices azules y rojos.[5] Otro mito es el de los toros, que persiguen el color rojo. Los bovinos solo pueden percibir la gama completa de dos colores: el verde y el azul. Así que el rojo no lo pueden ver, pero sí van al capote porque persiguen el movimiento. Uno de los casos más llamativos del mundo animal es el de las abejas, porque son capaces de distinguir el verde, el azul y hasta el ultravioleta (algo que nosotros no podemos hacer), pero no ven el color rojo. Luego tenemos animales que solo distinguen, ahora sí, tonalidades de blanco y negro, ya que tienen una visión monocromática. Es el caso, por ejemplo, de los pulpos o los hámsteres. Al final, cada animal observa los colores dependiendo del uso que le van a dar, ya sea para alimentarse, reproducirse o alejarse de posibles depredadores.

En nuestros hogares es difícil encontrar este tipo de radiación, a no ser que adquiramos algún aparato como un secador de uñas o una luz ultravioleta.

Los rayos X

Estamos ya en la zona de la radiación electromagnética más energética. Los rayos X pueden atravesar tejidos y estructuras. Así, sus aplicaciones son básicamente médicas y son utilizados principalmente para crear imágenes del interior del cuerpo: radiografías, mamografías, densitometrías óseas o tomografías. También se usa en medicina para la radioterapia, que destruye tumores y células cancerosas. Fuera del mundo de la medicina, los rayos X se utilizan en los controles de seguridad (de los aeropuertos, por ejemplo, porque permiten ver lo que hay en el interior de la ropa y las maletas); para análisis y detección de defectos en la estructura de los materiales; en arte para la autenticación de pinturas o para descubrir dibujos ocultos o enterrados bajo otras capas, ya que pueden penetrar en capas de pintura internas; en astronomía para captar los rayos X provenientes de objetos lejanos mediante telescopios; y en química, para analizar la estructura de las moléculas, ya que pueden penetrar hasta ellas.

A pesar de su utilidad, al tratarse de unas ondas tan energéticas son peligrosas, y el personal que las usa debe seguir una serie de medidas de seguridad.

Los rayos gamma

Finalmente, encontramos los rayos gamma, los más energéticos de todos, con la longitud de onda más pequeña pero con la frecuencia más grande. Pueden atravesar muchos materiales y se producen tras las reacciones nucleares, o bien en eventos astronómicos de gran violencia, como una supernova, que es la explosión de una estrella en la que se liberan grandes cantidades de energía.

Los rayos gamma se usan en la industria médica, en tratamientos de cáncer o en la esterilización de material médico desechable como guantes, catéteres o implantes, por ejemplo. También en la industria alimentaria, para la eliminación de bacterias y hongos. Y, de nuevo, en astronomía, en la detección de rayos gamma que derivan de supernovas y permiten saber dónde y cuándo explotó una estrella.

Como en el caso de los rayos X, tenemos que ir con cuidado con estas ondas, pues si nos exponemos a una alta dosis de rayos gamma, podemos sufrir graves daños.

ONDAS NO IONIZANTES Y ONDAS IONIZANTES

A partir de la luz ultravioleta estamos en la parte del espectro que tiene mayor energía, la zona que se denomina de rayos ionizantes. Estos —que son parte de la radiación ultravioleta—, los rayos X y los rayos gamma, tienen suficiente energía para arrancar electrones de los átomos, lo que puede provocar daños muy serios en nuestra salud, como aumento del riesgo de cáncer, daños en el ADN que derivan en mutaciones, serias quemaduras o síndrome de radiación aguda, que es cuando la exposición a la radiación es tan alta que se dañan las células del cuerpo.

Ya nos hemos dado cuenta de que a medida que nos encontramos con ondas electromagnéticas más energéticas, las ionizantes, más peligro corremos. Pero tampoco podemos olvidar que de forma natural recibimos radiación ionizante todos los días: nos llega radiación cósmica (básicamente de rayos X y rayos gamma), radiación terrestre, del aire, de los alimentos, e incluso nuestro cuerpo genera radiación porque tenemos pequeñas cantidades de carbono y uranio.

DATO CURIOSO

La radiación de fondo cósmica

Posiblemente hayas oído hablar sobre la radiación de fondo cósmica. No es más que la radiación electromagnética vestigio del *big bang*, es decir, de la energía que se liberó en lo que se supone que fue la creación del universo y cuando empezó a expandirse.

En su origen, el *big bang* tuvo radiación de muy alta energía, como los rayos gamma o los rayos X, junto a la radiación ultravioleta. Hoy en día, aproximadamente 13.800 millones de años después, lo que detectamos de ese gran acontecimiento es solo una pequeña huella en forma de microondas que nos llegan del espacio, unas ondas con baja energía. Estas microondas las podemos detectar gracias a telescopios y satélites espaciales y tienen la peculiaridad de que llegan desde todas las partes del cielo. Para que te hagas una mejor idea, los astrónomos detectan esta radiación como una especie de ruido, como si tú ahora mismo estuvieras buscando tu emisora de radio favorita y escucharas una interferencia de fondo todo el rato.

Podríamos decir que la radiación de fondo es parte del eco de, quizá, el evento más importante del espacio, el *big bang*, y llega de forma constante. Se denomina concretamente radiación de fondo cósmica porque viene de todas las direcciones, no de un punto en concreto, y procede de muy lejos.

LA DUALIDAD ONDA-PARTÍCULA

Vamos a despedir este capítulo hablando de uno de los grandes dilemas del mundo de la física, del que posiblemente hayas oído hablar o leído alguna vez: ¿la luz es una onda o una partícula? Es una pregunta que en realidad deberíamos hacer sobre todas las ondas electromagnéticas, pero como solo vemos la luz visible, suele hacerse únicamente sobre la luz.

Diferenciemos, antes de seguir, ambos conceptos de forma sencilla: una onda transporta energía a través de un medio sin llevar materia; en cambio, una partícula sí es una entidad que puede tener masa. Así que la diferencia, como en las pizzas, está en la masa.

El dilema, en este caso, se denomina *dualidad onda-partícula* u *onda-corpúsculo* y se basa en que las ondas, como la luz, pueden comportarse tanto como ondas como partículas, y esto está demostrado empíricamente. La luz, por ejemplo, experimenta fenómenos como la reflexión (rebota en las superficies), la refracción (la onda se desvía cuando cambia de medio, como del aire al agua) o las interferencias (la luz, al pasar por dos rendijas pequeñas, genera unos patrones de franjas brillantes y oscuras). Todas son características de las ondas.

Pero la luz también actúa como una partícula, un fotón, y puede interactuar con la materia. Por ejemplo, experimenta la absorción (puede ser absorbida por otra molécula), la dispersión (rebota contra otras partículas) o el efecto fotoeléctrico, arrancando electrones de materiales (es decir, emite electrones al absorber un fotón).

Einstein fue el primero en contemplar este fenómeno y planteó que puede comportarse a veces como una partícula y otras como una onda, lo que ha sido fundamental para el desarrollo de la física cuántica.

Capítulo 3

La energía cinética

Avanzamos en esta aventura para descubrir el mundo de la energía con el punto que quizá más nos recuerde a nuestra etapa estudiantil. Los primeros problemas de matemáticas relacionados con la cinética tenían que ver con el cálculo de la velocidad de un coche o el tiempo de recorrido de un lugar a otro. Muy posiblemente guardéis un recuerdo no demasiado agradable. Además, el libro de física era muy denso y el curso se hacía muy corto. Los profesores, en su defensa, tenían que hacer malabares para dar toda la materia y, posiblemente, no disponían del tiempo suficiente para despertar la ilusión y la curiosidad por esta parte de la ciencia, así que vamos a hacerlo ahora.

Para empezar, debemos detenernos un poco y definir exactamente de qué energía estamos hablando: la energía cinética es la energía que tiene un cuerpo por el simple hecho de estar en movimiento, lo que implica que todo lo que se mueve tiene cierta energía cinética.

Pero en física las cosas no son tan fáciles como parecen y la definición correcta para definir la energía cinética es la cantidad de trabajo que se debe hacer para acelerar un cuerpo desde su estado de reposo hasta una velocidad concreta. Todos los cuerpos cuentan con inercia, la propiedad que tienen de mantener su estado de reposo o de movimiento mientras no actúe ninguna fuerza externa sobre ellos, y, según la ley de la inercia, una vez el cuerpo adquiera una velocidad y la mantenga, también se mantendrá la energía cinética.

La mejor manera de imaginar la energía cinética es hacerlo con un coche. Cuando ponemos uno en marcha, debemos aplicar una fuerza en sentido frontal para que avance hacia delante. Esta nos la da el motor, que realiza trabajo sobre el coche y hace que aumente su velocidad. Una vez hayamos alcanzado la velocidad deseada, si mantenemos el acelerador pisado, la energía cinética será constante. En un mundo imaginario en el que no hubiera rozamiento (es decir, la fuerza que se opone al movimiento), al soltar el acelerador, el coche debería seguir con la misma velocidad eternamente. Pero, en realidad, siempre existen fuerzas que lo impiden. El aire efectúa un rozamiento contra la parte frontal del coche, así como el propio engranaje de la transmisión (el mecanismo de ruedas dentadas que adapta la fuerza y la velocidad del motor para mover las ruedas). Esto hace que, si conducimos en plano y dejamos de acelerar, tarde o temprano el coche irá perdiendo energía cinética.

Otro ejemplo que nos puede ayudar a entender la energía cinética es el de la montaña rusa. Imaginemos: estamos en la parte más alta, detenidos justo antes de empezar el primer gran descenso. La energía cinética es cero porque estamos parados, pero cuando empezamos a descender, ganamos energía cinética porque cada vez alcanzamos más velocidad. Cuando llegamos al final del recorrido y paramos, la energía cinética vuelve a ser cero.

Antes de continuar, debemos dejar claro un pequeño detalle que parece lógico pero que nos puede llevar a confusión: siempre hay que tener en cuenta el sistema de referencia en el que nos encontramos. Por ejemplo, al final de la montaña rusa estamos sin movimiento, pero al estar en la superficie de Tierra, y dado su movimiento de rotación, alguien desde fuera del planeta sí que diría que estamos en movimiento porque él está en otro sistema referencial. Dicho de otra manera: cuando de niños jugábamos en los asientos traseros del coche con cochecitos de juguete y los acelerábamos, cuando se detenían, para nosotros no tenían energía cinética. Pero ojo, porque el coche de nuestros padres se estaba moviendo a más de 100 km/h, con lo cual la energía cinética del coche de juguete, para una persona que estuviera de pie en la carretera, no era cero. Y cuanta más masa tenga un cuerpo y más velocidad, más energía cinética.

Para saber concretamente cuál es la energía cinética de un objeto, podemos usar una fórmula matemática muy sencilla:

$$E_c = \frac{1}{2} m \times v^2$$

Donde:
E_c = Energía cinética. En julios (J)
m = masa del cuerpo. En kilos (kg)
v = Velocidad. En metros por segundo (m/s) al cuadrado

Se divide entre dos la masa y se multiplica por la velocidad al cuadrado. Esto nos permite conocer la energía cinética total gracias a la velocidad y la masa. El resultado estará expresado en julios (J). No solo es una ecuación poco complicada, sino que, además, la energía cinética es fácil de comprender sin tener que echar mano de las matemáticas: lo que le cuesta a una persona que pesa poco ponerse a correr a una velocidad determinada es mucho menos que lo que le puede costar a alguien con sobrepeso. Y si tuviésemos que detenerlos a los dos, evidentemente la segunda persona costaría mucho más de detener al tener una mayor energía cinética.

De la misma manera, cuando vamos en coche y nos queremos detener, debemos usar los frenos. En el momento en que nos hemos parado del todo, hemos perdido toda la energía cinética. La duda está ahora en resolver dónde ha ido a parar esta energía. Como todo en la ciencia, tiene una explicación. Recordarás haber leído alguna vez la siguiente frase. La vamos a separar debido a la importancia que tiene:

La energía no se crea ni se destruye,
solo se transforma.

Esto no es ni más ni menos que la ley de la conservación de la energía y siempre la podemos aplicar a todo lo que ocurre a nuestro alrededor. ¿Cómo se vería en nuestro ejemplo?

En el mundo real, cuando queremos detener nuestro vehículo, usamos el freno. Las pastillas se pegan al disco de freno y consiguen disminuir la velocidad con la intensidad y la rapidez deseada por el conductor. En este proceso la energía cinética se transforma en energía térmica, es decir, en calor. Es algo difícil de intuir, porque las pastillas suelen quedar ocultas a la vista, pero en alta competición —por ejemplo, en la Fórmula 1— alguna vez habrás visto un disco de freno al rojo vivo debido al calor generado por la fricción.

¿Recuerdas cuando éramos pequeños y en verano, con tanto calor, sacábamos la mano por la ventanilla del coche para notar la fuerza del aire? Si el coche de nuestros padres iba a una velocidad normal, era agradable esa sensación. Incluso muchos conductores hoy en día abren la ventanilla para ventilar el coche y sacan el brazo izquierdo y juegan con la mano. Pero cuando la velocidad del coche aumenta, sacar la mano ya no es tarea fácil. Poner la palma de la mano plana de frente hará que tengamos que hacer mucha fuerza para mantenerla. Si el coche sobrepasa, pongamos, por ejemplo, los 500 km/h, tendremos un intenso dolor en la palma. Pero si fuéramos a velocidades mucho más altas, se nos empezaría a desprender la piel, los músculos y posteriormente los huesos. Las partículas que tiene el aire nos erosionarían la mano. Eso si nuestras muñecas pudieran aguantar la fuerza, porque otra cosa que podría suceder es que la mano entera saliese volando, partida por la muñeca. Dicho todo esto, evita sacar la mano por la ventana, vayas a la velocidad que vayas: es peligroso. Y, además, te pueden robar el reloj.

¿Y por qué sentimos resistencia si sacamos la mano por la ventana de un coche? El aire no está vacío, sino que tiene partículas, que no se hacen evidentes cuando estamos parados. De hecho, si ahora mientras lees este libro intentas coger aire con la mano, no podrás. Pero, aunque parezca que no hay nada, en realidad el aire contiene nitrógeno (N_2), oxígeno (O_2), argón (Ar), dióxido de carbono (CO_2) y otros gases en menor proporción. Exactamente tiene un 78% de nitrógeno, un 21% de oxígeno, un 0,9% de argón y un 0,04% de dióxido de carbono.

Esto en un aire seco. Si el aire tiene humedad, que es lo que realmente ocurre a nivel de superficie, el vapor de agua ocupa un 4% aproximadamente.

Ahora imagina que el coche no va a 120 km/h, sino a 500 km/h. Sacar la mano por la ventanilla sería casi imposible. El aire nos haría daño.

Lo mismo sucede con los asteroides o las pequeñas piedras y rocas que viajan por el espacio y que pueden llegar a la Tierra a unos 40 km/s, lo que equivale a 144.000 km/h. El rozamiento, que en elevadas cantidades genera mucha energía térmica (o, lo que es lo mismo, calor), los acaba desintegrando. Para evitar que esto acabe ocurriendo con las naves que mandamos al espacio, están recubiertas de capas aislantes y entran con un ángulo concreto a la atmósfera de tal manera que el rozamiento no las destruya.

Aprovechando que podemos transformar la energía, con la cinética podemos llegar a producir electricidad, y si lo hacemos con cabeza, podríamos hacerlo de forma infinita. ¿Cómo?

DATO CURIOSO

¿Sabías que se puede saber la velocidad de una gota de lluvia?

En 1904 el físico alemán Philipp Lenard publicó un estudio sobre la lluvia en la revista *Meteorologische Zeitschrift* [Diario Meteorológico].[1] El científico construyó un túnel de viento vertical en el que podía cambiar la velocidad de aire ascendente para simular la caída de la gota. Tal y como recoge José Miguel Viñas en su artículo «A qué velocidad caen las gotas de lluvia»,[2] el resultado fue que cuanto más grande es la gota, a más velocidad cae. Una gota de 1 mm de diámetro llega a 14 km/h, la de 2 mm, a 22 km/h, entre 3 y 4 mm a 30 km/h, y las mayores, de 5 a 6 mm, a 35-40 km/h. Cuando vemos llover, nos da la sensación de que las gotas caen a una velocidad mucho mayor. Y aunque todos las dibujamos como lágrimas, una gota de lluvia, antes de caer de la nube, tiene forma esférica. Cuando empieza a caer, o como decimos en meteorología, a precipitar, empieza a aplanarse porque el rozamiento del aire la presiona por la parte inferior, adquiriendo una forma parecida a la de una judía blanca, un cacahuete o una hamburguesa doblada. Por los extremos puede llegar a ser más gruesa.

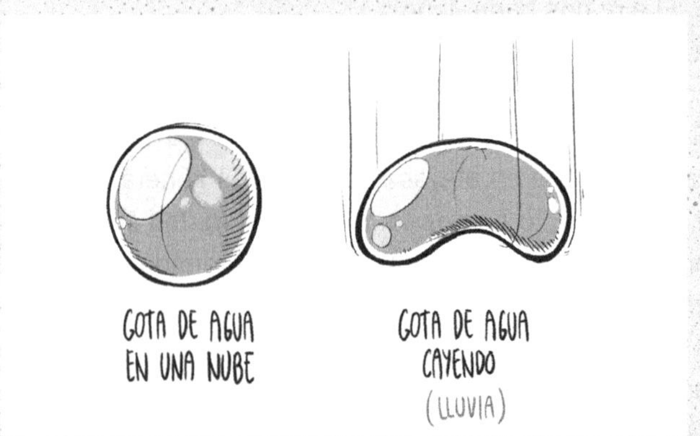

Figura 10. Gota de agua dentro de una nube y gota de agua cayendo en forma de lluvia

Mediante el uso de los recursos naturales como, por ejemplo, los ríos. Pero para llegar al río, antes tomaremos un desvío para pasar por una bicicleta muy especial.

LA DINAMO

Recuerdo que cuando yo era pequeño tenía la bici más vieja de todo el pueblo. Cada vez que íbamos, que era de uvas a peras, tocaba hinchar las ruedas y sacarle el polvo porque la teníamos en una especie de almacén junto a trastos viejos, que, para colmo, tenía el tejado roto por culpa de unos niños que en una verbena de San Juan arrojaron petardos. Cada vez que llovía se nos inundaba. Además, algo que me daba mucho miedo es que se colaban pájaros y ratones. Eso hacía que, al abrir la puerta del almacén, no hiciera otra cosa más que escuchar ruidos y golpes; posiblemente los cabezazos de los ratones al asustarse. Luego tocaba caminar moviendo brazos arriba y abajo y hacia los lados para apartar las telarañas, que eran tan grandes que pensábamos que las arañas medían varios centímetros, cuando en realidad quizá apenas llegaban a uno.

Pero volvamos al tema de la bicicleta. La mía tenía algo que era la envidia de todos mis amigos: una luz que se encendía al pedalear. La luz de mi bici, a mi edad, era mágica. Tenía una palanca, una especie de engranaje que se pegaba a la rueda y, al girar, empezaba a encenderse. Cuanto más pedaleaba, más luz emitía, con un máximo de brillo. Eso sí, era poco agradecida. A la que te parabas, se apagaba.

Mi padre me enseñó que se llamaba *luz dinamo*. Una dinamo es un generador eléctrico que convierte la energía mecánica —la que generan nuestras piernas con los pedales— en energía eléctrica. En física, la energía mecánica es la suma de la energía cinética y la energía potencial (la que veremos en el próximo capítulo) que posee un cuerpo debido a su movi-

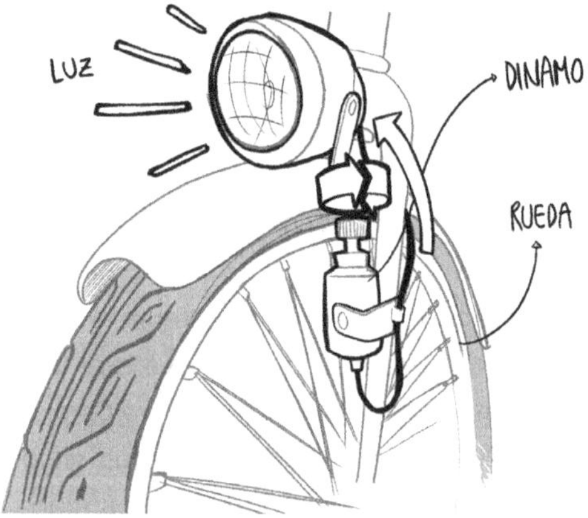

Figura 11. Dinamo en la rueda delantera de una bicicleta

miento y a su posición. Para que lo entendamos de forma sencilla: es la energía de las cosas que se mueven o que pueden moverse. Así, cada vez que aparezca la energía mecánica tenemos que recordar que es una energía relacionada con el movimiento de las cosas.

Aún hoy en día he visto alguna luz de dinamo por el pueblo. Es muy útil porque no requiere pilas y actúa como generador eléctrico, pues en su interior hay un imán que gira dentro de una bobina generando electricidad.

LOS RÍOS. LAS CENTRALES HIDROELÉCTRICAS

Una vez entendido el funcionamiento de la dinamo de la bicicleta, vamos a ser capaces de entender rápidamente también el de una central hidroeléctrica en un río. Un río es, en realidad, el movimiento de una gran masa de agua constante que se desplaza por la gravedad. Puede que el río esté alto o bajo

DATO CURIOSO

¿Sabes por qué muchos equipos del Este se llaman Dínamo?

Tenemos, por ejemplo el Dinamo de Kiev, el de Zagreb, el de Moscú, etc. Esto se debe a que dinamo significa *fuerza, poder* o *potencialidad* en griego, y fue el nombre escogido por asociaciones deportivas. La misma explicación podríamos dar a equipos de fútbol que tienen la palabra *Racing* en su nombre, como el Racing de Santander o el de Ferrol, por ejemplo. En este caso, porque el nombre está inspirado en el mundo de la velocidad, como el de los coches o el de los caballos.

dependiendo de la cantidad de lluvia que haya caído, del deshielo o del mal uso que se haga de sus aguas, pero podemos considerar que el aporte de agua de un río es constante. Esto es muy valioso, porque de manera incesante crea fuerza de una intensidad relativamente constante. Esto, en nuestro mundo, no se encuentra con facilidad. Pero no vamos a ponernos el mérito nosotros diciendo que hemos sido los primeros en descubrir esta capacidad de los ríos y emplearla para generar la energía con las centrales hidroeléctricas: fueron los griegos.[3] Ya en su momento vieron la oportunidad que eso representaba e inventaron los molinos de agua o molinos hidráulicos. En realidad, su principio básico no se alejaba mucho de los molinos empujados por animales, como caballos o burros; los llamados *molinos de sangre* (qué forma tan desagradable de nombrarlos; podría ser el título de una novela de asesinatos).

El funcionamiento del molino de agua es muy sencillo. Para aprovechar la energía cinética del agua en movimiento y transformarla en energía mecánica, la que hace que se muevan las cosas, se desvía un corto tramo de un río hacia un pequeño canal o un pozo donde se coloca una rueda con aspas. El agua, al fluir, hace girar las aspas de la rueda, y esta hace girar a su vez un eje que está conectado al molino, que los griegos usaban para triturar cereales.

Figura 12. Funcionamiento del molino de agua clásico

Las centrales hidroeléctricas se basan en el mismo principio, pero con unas proporciones mucho más grandes. El objetivo de una central hidroeléctrica es transformar la energía cinética del agua en movimiento en energía eléctrica. Y se usa un río porque es una fuente inagotable (a no ser que se seque). El caudal de agua puede variar, y la central seguirá funcionando. Pero hay ciertos límites. Es por este motivo que posiblemente habrás oído en algún momento hablar del *caudal mínimo* de un río que piden las empresas eléctricas para poder generar la energía. No tiene nada que ver con el *caudal ecológico*, que es aquel caudal mínimo que garantiza que el río, la flora y la fauna que la componen, estén en buen estado.

La energía hidroeléctrica requiere de la construcción de presas que retienen el agua, y esto, aparte de tener un gran impacto visual, lo tiene en la fauna. Uno de los problemas que ocasionan las centrales son los sedimentos, que se quedan atascados en las presas de hormigón. Además, como los sedimentos no pueden bajar por el río, quedan atrapados también los nutrientes. Y especies de animales como los peces no pueden remontar el río al encontrarse con paredes casi verticales de decenas o centenares de metros. Afortunadamente, somos conscientes de las contrapartidas de estas centrales, y las mismas empresas están intentando poner soluciones. Estos últimos años se está trabajando en la construcción de rampas, pasos o escaleras con pendientes muy suaves para que los peces puedan superar estas presas, pero es algo antinatural para el animal, pues nada puede sustituir el curso natural de un río.

Figura 13. Rampa para el paso de peces en una presa

Hay varios tipos de centrales hidroeléctricas. Las más comunes y fáciles de entender para nosotros son dos. En ambos casos, el agua se canaliza por unas tuberías que la dirigen a unas turbinas y en su interior hacen girar generadores que convierten la energía mecánica en electricidad, pero con una pequeña diferencia:

- La primera es la central que cuenta con un embalse: mediante una presa se retiene el paso del agua y se aprovecha el gran desnivel para hacer bajar el flujo de agua por unas turbinas que generan la electricidad.
- La segunda, y menos invasiva, es la que desvía una pequeña parte del río hacia una tubería o un canal que la lleva a unas turbinas. Esto hace que su impacto ambiental sea mucho menor, ya que no es necesario construir una presa.

Siempre verás que en una central hidroeléctrica hay salas de máquinas, pues su funcionamiento no es sencillo y el control debe ser máximo. Para transportar la electricidad que genera una estación de este tipo a cada uno de nuestros hogares el voltaje debe ser el correcto, y esto se controla a través de transformadores.

En cada una de nuestras casas contamos con un cajetín de luz, también denominado cuadro eléctrico. En caso de subida de tensión por algún motivo, sea por una avería o la caída de un rayo, por ejemplo, salta el diferencial. Antiguamente se decía que «saltaban los plomos», porque los contadores eléctricos tenían elementos de cerámica y plomo. Si la subida era fuerte, el plomo podía fundirse y se tenían que sustituir, por eso también de pequeño habrás escuchado eso de «se han fundido los plomos».

EL VIENTO. LOS AEROGENERADORES

Ya hemos comentado que usar la corriente de agua de un río para generar electricidad nos garantiza una fuerza constante, pero algo así se encuentra poco a nuestro alrededor. ¿Qué otro elemento de la naturaleza nos podría generar una fuerza tan grande y constante con una intensidad controlada como en el caso de un río? Que tengamos al alcance y de forma regular, ninguna. El mar podría cumplir un poco estos requisitos, pero es irregular, a pesar de contar con una frecuencia conocida. La energía solar es muy conocida, pero carecemos de Sol durante la noche. Y en el caso del viento, sabemos que hay determinadas zonas en las que suele soplar de manera constante, aunque depende mucho de la configuración atmosférica. En algunos valles y determinadas montañas es bien conocido que el viento sopla casi todo el año. Por ello, en estas zonas instalamos aerogeneradores. De nuevo, como en el caso de las centrales hidroeléctricas, el uso de molinos

Figura 14. Funcionamiento del molino de viento clásico

para generar energía no es nuevo: los persas en el siglo IX los usaban para moler el grano, pero también con otros usos, como, por ejemplo, bombear agua.

Los aerogeneradores funcionan con el mismo principio, pero como hay empresas privadas interesadas, lo más importante es que sean económicamente viables. Por este motivo siempre se colocan en lugares que garantizan un viento constante, que no sea muy fuerte ni racheado, por eso, cuando vamos por una carretera, nos da la sensación de que giran muy lentamente. Si el viento es fuerte y, especialmente, si es racheado, los molinos se detienen por seguridad, ya que podrían dañarse el motor o las propias palas. Dentro del mecanismo hay un rotor que multiplica la velocidad de giro del eje. Posteriormente, como en casos anteriores, un generador convierte este movimiento en energía eléctrica.

Figura 15. Forma de un aerogenerador moderno

Los aerogeneradores más modernos tienen unas aspas que pueden llegar a superar los cien metros de longitud. Esto también tiene un gran impacto visual, aparte del peligro que supone para las aves: cada año mueren muchas al sufrir impactos. Con estas aspas tan grandes, logran usar la energía cinética del viento para hacer girar sus grandes palas.

RADARES, AMBULANCIAS Y EFECTO DOPPLER

Hay muchas más curiosidades acerca de la energía cinética, y alguna de ellas no nos van a gustar porque nos pueden costar una multa: es el caso de los radares de velocidad. La energía cinética que lleva nuestro coche puede ser un problema si no respetamos las normas que establece el código de circulación en cuanto a las velocidades máximas. Hay muchos tipos de radares, y algunos de ellos aparecerán más adelante en este libro, pero de los que vamos a hablar ahora son los que más odiamos: los de carretera, capaces de detectar la velocidad a la que va nuestro vehículo. ¿Cómo lo hacen?

Imaginemos que circulamos por una carretera nacional cualquiera de nuestro país. Vamos escuchando la radio, contemplando el paisaje y disfrutando de un día soleado. Nuestra cabeza va pensando en todo lo que haremos el resto del día, lo que comeremos y adónde iremos en nuestro próximo viaje. O si hemos cerrado con llave la puerta de casa, por ejemplo. Sin darnos cuenta, a nuestra derecha, mal aparcado en una incorporación de la carretera, vemos un coche con dos personas con chaleco en su interior. ¡Es un radar! Nuestra atención se focaliza en el cuentakilómetros y nos damos cuenta de que excedemos el límite de velocidad. Ya es demasiado tarde: un frenazo en este momento llamaría demasiado la atención.

Los radares, tanto los que llevan incorporados los coches de la Guardia Civil como los que hay ocultos detrás de paneles luminosos o en cajas metálicas cerca del arcén, no nos siguen desde metros atrás. Hasta que no nos ponemos dentro del campo visual del radar no empieza a actuar, pero a la que somos visibles, el radar manda una onda electromagnética hacia el vehículo, que rebota de nuevo hacia el radar. Esto sucede casi a la velocidad de la luz, es decir, pasa de forma prácticamente instantánea. La clave está en que la onda electromagnética que vuelve al radar no tiene las mismas características que la primera que se ha mandado.

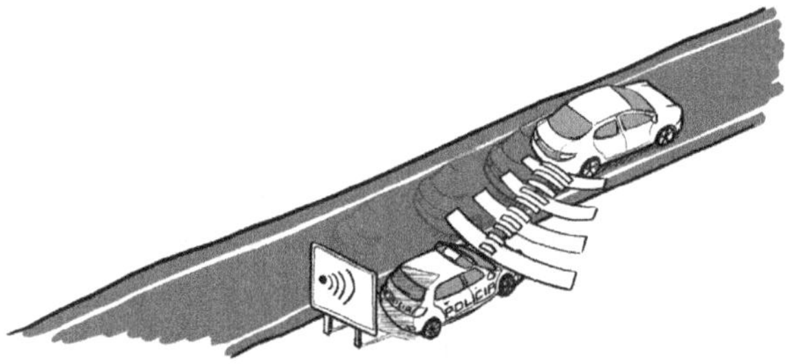

Figura 16. Funcionamiento de un radar de carretera

Lo que ha cambiado en la onda es la frecuencia, pero no de forma aleatoria, sino que depende de la velocidad que llevamos. El radar lo interpreta y da como resultado la velocidad aproximada a la que nos movemos. El valor resultante, eso sí, no es correcto del todo.

El método que utilizan los radares para calcular la velocidad de los vehículos se basa en el efecto Doppler, del que seguramente habrás oído hablar alguna vez. Se llama así por el físico y matemático austriaco Christian Andreas Doppler, y se refiere al cambio de frecuencia que experimenta una onda electromagnética cuando hay un movimiento relativo entre una fuente emisora y el observador.

Pero el efecto Doppler no solo lo utilizan los radares de velocidad para ponernos multas. De hecho, es un fenómeno

DATO CURIOSO

Los radares no dicen la verdad

El sistema de medición de velocidad que llevan incorporados nuestros coches y que marca el cuentakilómetros no es exacto, ni tampoco el radar lo es al cien por cien, por este motivo existen los márgenes o umbrales de tolerancia. Hay muchos factores, como el ángulo de la cámara o cuestiones técnicas de la cámara, que hacen que esto sea así. Y gracias a esto, no siempre nos llega una multa por exceder el límite de velocidad: solo lo hará si la superamos de forma clara. Ahora bien, mucha gente piensa que este margen de permisividad ronda el 10%, pero no es así. Cada vez los radares son más precisos y el porcentaje puede ser de solo el 3% en radares fijos, de modo que toca levantar el pie del acelerador e ir con mucha precaución, y no solo por el miedo a las multas.[4]

que se produce a nuestro alrededor casi cada día sin que nos demos cuenta de ello; especialmente los que vivimos en grandes ciudades. Tiene que ver con las ambulancias. Supongo que te habrás dado cuenta de que el sonido de una ambulancia cambia a medida que se acerca y, sobre todo, cuando se aleja. Esto ocurre porque el observador percibe una frecuencia distinta cuando la ambulancia se aleja y el sonido estridente se convierte en cada vez más grave, es decir, baja su frecuencia.

Vamos a fijarnos en la figura 17. La persona de la derecha está viendo llegar la ambulancia y la está escuchando con una frecuencia alta. Es un ruido estridente que nos pone en alerta. Como cada vez está más cerca, también la escuchará cada vez con mayor volumen. Es lo que busca: avisar a la gente para que se aparte y que pueda pasar más rápido. Al fin y al cabo, se trata de una urgencia. Pero la persona de la izquierda, que en su momento también ha visto llegar antes la ambulancia, ahora escucha cómo se aleja. A medida que lo hace, la frecuencia es más baja.

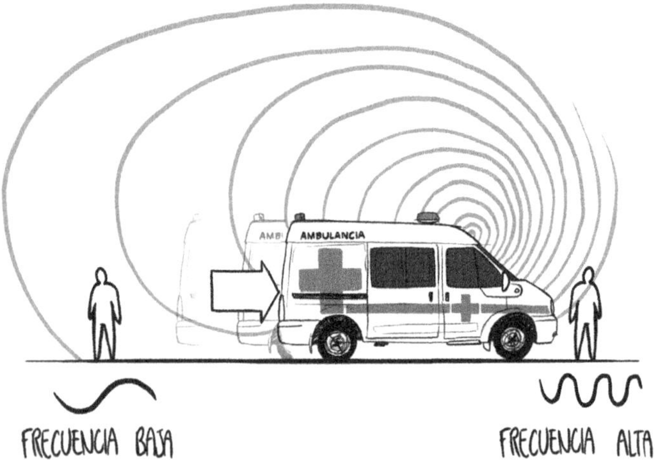

Figura 17. Efecto Doppler de una ambulancia

El caso de la ambulancia es el más fácil de entender, ya que ocurre con las ondas sonoras, que son mecánicas. Esto significa que este tipo de ondas se propagan por el aire mediante variación de presión y la vibración de las partículas del aire, que nuestro oído puede capturar perfectamente. Sucede lo mismo con vehículos que corren a gran velocidad, como los Fórmula 1 o las motos. También se hace muy evidente cuando un coche toca su bocina y pasa delante de nosotros.

EL MOVIMIENTO DE LAS ESTRELLAS

Hasta el momento, en este libro solo hemos hecho referencia a cosas que suceden a nuestro alrededor y que forman parte de nuestra vida diaria. Pero hay cosas que tienen lugar mucho más lejos, tan lejos que nuestros ojos no pueden verlo, y que tienen que ver con el tema que estamos tratando. Vamos a hablar de las estrellas.

Antes de nada, hay que definir bien qué es una estrella. Si le hacemos esta pregunta a un niño, nos dirá que son los puntitos blancos que se ven de noche en el cielo. Eso es evidente y es lo primero que reconocemos. Pero a medida que crecemos podemos ser algo más precisos: una estrella es un cuerpo celeste de forma esférica que es capaz de generar luz. El Sol, por ejemplo, es una estrella, nuestra estrella. La tenemos cerca y la vemos todos los días, por eso se nos olvida que lo es.

Pero no todo lo que brilla en el cielo son objetos que generan su propia luz. La Luna, a pesar de su gran brillo, no es quien crea la luz, sino que está iluminada por el Sol. Desvía sus rayos hacia nosotros, y por este motivo nos parece que brilla tanto. Desvía, en concreto, el 12 % de los rayos que recibe, y este porcentaje recibe el nombre de *albedo*.

Entre el resto de los puntitos brillantes que tenemos en el cielo también están los planetas, que no hay que confundir con las estrellas. Cada uno tiene un albedo distinto y están todos alineados en un mismo plano: la *eclíptica*. Pueden estar en muchos lugares del cielo, pero siempre cerca de una misma línea imaginaria que lo cruza. Se reconocen porque brillan más que las estrellas y no titilan, es decir, no parpadean.

Todo el mundo da por sentado que el cielo nocturno es estático e inmóvil año tras año, con sus constelaciones bien definidas que se van dando paso a medida que avanzan los meses. Cada uno de nosotros tenemos un signo del zodiaco

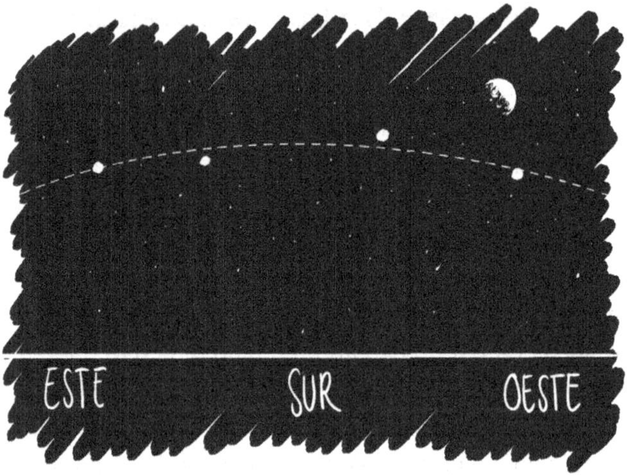

Figura 18. Los planetas están dispuestos sobre una línea imaginaria: la eclíptica

dependiendo de la posición del Sol en el día que nacimos (si este día el Sol está, por ejemplo, en la constelación de Aries, esto es todos los nacidos entre el 21 de marzo y el 19 de abril, nuestro signo zodiacal será Aries). Pero en realidad, nada es estático.

Aunque la Osa Mayor es una de las constelaciones más fáciles de identificar, no se ve igual ahora que hace millones de años. Las estrellas están en movimiento, pero como estamos tan lejos de ellas, por mucho que se muevan millones de kilómetros, a nosotros nos da la sensación de que están en un mismo sitio.

Una de las estrellas más famosas del cielo es Betelgeuse. Forma parte de la constelación de Orión y se caracteriza por su tono ligeramente anaranjado. Pues bien, esta estrella se encuentra aproximadamente a unos 640 años luz, lo que quiere decir que para ir de la Tierra a Betelgeuse deberíamos viajar a la velocidad de la luz —a 300.000 kilómetros por segundo, que son 1.080 millones de kilómetros por hora—, y tardaríamos nada más y nada menos que 640 años en llegar. Es una auténtica barbaridad. A esta velocidad solo tardaríamos 8 minutos y 20 segundos en llegar de la Tierra hasta el Sol. Esto hace que, por mucho que esta estrella se mueva, desde nuestro punto de vista siempre nos parecerá que está en el mismo lugar.

También podemos calcular la velocidad a la que se mueven las estrellas respecto a la Tierra, algunas de las cuales se encuentran a millones de años luz de distancia, y esto es posible gracias al efecto Doppler. Ahora bien, hay algunos matices. Mediante el efecto Doppler podemos saber únicamente si una estrella se acerca o se aleja de nosotros, y a qué velocidad. En este caso no podemos hacer como un radar de carretera, mandar una onda electromagnética y esperar a que rebote, ya que podríamos esperar casi eternamente su vuelta. Aquí jugamos directamente con la luz que manda la estrella.

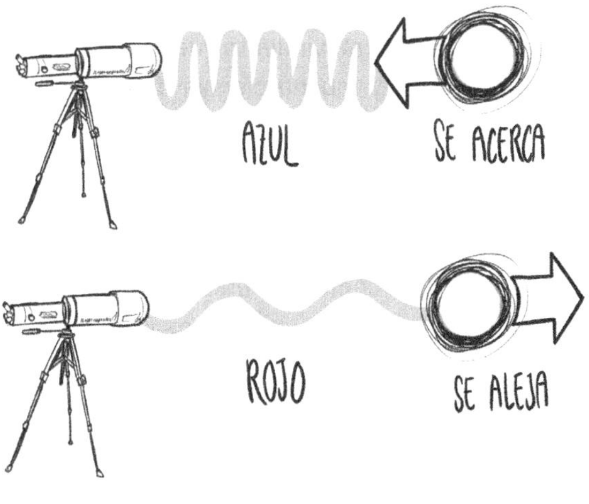

Figura 19. Cambio de longitud de onda si una estrella se acerca o se aleja

Si la luz que emite la estrella se comprime, significa que la longitud de onda es más pequeña y tendente al color azul y que la estrella se está acercando a nosotros. Si la luz que emite la estrella se estira, tendiendo hacia el rojo al aumentar la longitud de onda, es que la estrella se aleja de nosotros. Esto se conoce como *corrimiento hacia el azul* o *corrimiento hacia el rojo*. Hay un truco para recordar si la estrella viene o si se va: pensar en un semáforo. Si está rojo, no se puede pasar, entonces la estrella no puede acercarse y se va.

Lo bueno de este fenómeno es que no solo sirve para conocer el movimiento de estrellas que están a millones de años luz de distancia de nosotros: también lo podemos utilizar para medir el movimiento de otras galaxias respecto a nosotros. Es algo realmente fascinante.

EL ROZAMIENTO Y EL CALOR

Volvamos a poner los pies en la Tierra: todos los medios de transporte necesitan un sistema para reducir la energía cinética y que la velocidad de movimiento vuelva a ser cero. Parece una obviedad, pero hay mucha ciencia detrás de todo esto. Hablemos de ello.

Empecemos por lo básico. Cuando vamos caminando hay básicamente dos fuerzas que intervienen y nos pegan al suelo: la gravedad y el rozamiento. Podríamos sumar otras más circunstanciales, como el viento, aunque en este caso sería despreciable, así que por ahora nos vamos a quedar con el rozamiento. La fuerza de rozamiento, también denominada fricción, es la fuerza que se opone al deslizamiento y se genera entre dos superficies que están en contacto. Esta fuerza es muy evidente, por ejemplo, en un partido de baloncesto; el sonido que emiten las zapatillas deportivas de los jugadores indica que tienen un gran rozamiento con el suelo. También se ve en competiciones de motor, en las que se observa cómo los neumáticos se desgastan vuelta tras vuelta porque agarran el coche al asfalto. En cambio, en competiciones como las de esquí o de patinaje sobre hielo, observamos una fricción mínima, pues son deportes hechos para favorecer la velocidad.

¿Cómo funciona el rozamiento? Imaginemos que estamos de pie, quietos, y queremos empezar la marcha. Lo primero que haremos es dar un paso con uno de los pies hacia delante para posteriormente hacer lo mismo con el otro pie. Parece muy fácil. Ahora imagínate hacer todo esto con un rozamiento nulo con el suelo, como si estuviésemos sobre un suelo enjabonado y resbaladizo o hielo. No podríamos avanzar. Analizándolo fríamente llegamos a la conclusión de que la vida sin el rozamiento sería inviable. El rozamiento nos permite avanzar, estabilizarnos y frenar. Sin él seríamos incapaces de movernos y nos sentiríamos como astronautas en la Estación Espacial Internacional. La única manera que tendríamos para poder desplazarnos sería mediante alguna herramienta que provocara viento, como un secador, y nos hiciera salir propulsados hacia el sentido contrario. O, si estornudáramos con fuerza: saldríamos empujados hacia atrás. Para movernos hacia delante, sería de ayuda la de un buen pedo. Aunque al llevar ropa, esta reduciría el empuje. Socialmente tampoco estaría muy bien visto, la verdad, pero divertido sí sería.

El rozamiento también es lo que nos permite detener nuestra carrera cuando vamos a gran velocidad. Podemos agradecer al material de la suela de las zapatillas y a la rugosidad del suelo; cuanto más blanda sea la suela, más agarre tendremos. También depende mucho del tipo de suelo: no es lo mismo un suelo de cemento, que es muy abrasivo, que uno de parqué, en el que es más fácil resbalar.

Ahora bien, como hemos comentado ya más de una vez, la energía no se crea ni se destruye, sino que se transforma. Así que toda la energía cinética que perdemos con el rozamiento

DATO CURIOSO

El peligro de las pastillas de freno

El rozamiento de las pastillas de freno en los medios de transporte puede llegar a ser peligroso debido al sobrecalentamiento. En un ámbito más práctico, cuando descendemos de una montaña en coche, no hay que frenar constantemente y debemos combinar el freno con la reducción de marchas del motor. Es decir, usar lo que se denomina *freno de motor*. Si no lo hacemos, podemos sobrecalentar los frenos, estos perderán su eficacia, y podría llegar el punto extremo en el que nos quedásemos sin poder frenar, sensación para nada agradable. Por este motivo, las pastillas de freno de los coches están expuestas al aire: para que estén ventiladas y así evitar que se sobrecalienten.

En un avión comercial los frenos también son de vital importancia. Un Airbus A320 o un Boeing 737 —los más usados en el mundo— pueden despegar con 75 toneladas de peso.[5] Los de gran tamaño, como el Airbus A380 o el Boeing 747, con casi 575 toneladas. Durante el vuelo, van perdiendo peso por la disminución del combustible, pero frenar estos aviones es una odisea. Por este motivo las pastillas de freno son muy grandes. El avión, además, cambia la dirección del empuje de los motores una vez ha tocado tierra, operación conocida como *reversa*, y este es otro elemento más de frenado. Pero no todo es tan fácil en los aviones. Cuando un avión, sobre todo los de largo radio, tiene un problema en el despegue y debe volver al aeropuerto de origen, es posible que no pueda aterrizar por un gran motivo: pesa demasiado y necesitaría una pista muy larga para frenar. En este caso, el avión deberá realizar una maniobra de suelta de combustible en vuelo encima de un lugar seguro, procedimiento denominado *fuel dumping*, que, traducido al español, sería «descarga o vertido de combustible». El combustible se evapora antes de tocar el suelo y no representa un peligro para la población. Una vez que se ha conseguido reducir el peso hasta el deseado, ya se puede proceder al aterrizaje.

tiene que ir a parar a otro lugar. Lo hace, en parte, en forma de calor. Cuando practiques deporte activo con unas zapatillas, tras una de las acciones pon atención a la temperatura de la suela: la notarás más caliente. Es decir, parte de esa energía cinética se transforma en calor por la acción de la fricción.

Otro ejemplo del calentamiento por rozamiento lo encontramos los días más gélidos de invierno. Imagínate que estás en la calle y hace mucho frío. Muchísimo. Y no llevas guantes. Cuando se nos presenta esta situación, nos frotamos las manos de la forma más fuerte que podemos para generar fricción y así calentarnos. La energía cinética del movimiento de las manos se transforma en energía térmica debido al rozamiento. Así que el calentamiento por rozamiento, a veces, no nos viene nada mal.

Vuelvo al ejemplo de las montañas rusas (el más fácil para entender muchos conceptos de física). Estas han evolucionado mucho y actualmente se usa un sistema de imanes para frenar cada tren. Los imanes también se utilizan en otras atracciones, en las que en lugar de ganar altura con una cadena se empuja de forma repentina el tren con una larga recta imantada, pues la sensación es mucho más excitante y se realiza con más rapidez. En cualquier caso, la montaña rusa no es perfecta energéticamente, y a medida que vamos realizando el recorrido, se va perdiendo energía tanto por el rozamiento de las ruedas con los raíles como por el rozamiento con el aire.

Y hasta aquí nuestro pequeño paseo por el mundo de la energía cinética. Si sabes cómo mirar, descubrirás la energía cinética de todo lo que se mueve a tu alrededor: los coches, los aviones, el balón de fútbol que persigue un niño, la galleta del desayuno que se te cae al suelo, el espagueti que salta de tu plato y te mancha la camiseta blanca... Incluso ahora, que estás leyendo este libro, tú estás cargado de energía cinética. Aunque te da la sensación de que estás parado, nuestro

DATO CURIOSO

Cierre de una montaña rusa por la meteorología

La meteorología tiene mucho que ver con el funcionamiento de una montaña rusa: todas ellas tienen un rango de seguridad dependiendo de las condiciones meteorológicas. Vamos a analizar los casos extremos. Cuando hace mucho frío, las grasas y los engranajes se hacen más duros, lo que podría provocar que los trenes no consigan una velocidad suficiente para subir algunas cuestas y se queden atrapados en medio del recorrido. En el otro extremo, un calor excesivo podría provocar todo lo contrario: una velocidad descontrolada que, además, afectaría a la salud de los pasajeros. La lluvia también es un elemento que influye, ya que el agua que cubre los raíles afectaría a su operatividad normal. Y no digamos el hielo. También un viento demasiado fuerte puede provocar, yo lo he podido comprobar, el cierre de una montaña rusa.

planeta va girando sobre su propio eje, dando también vueltas al Sol y moviéndose junto al resto del Sistema Solar a gran velocidad por el universo.

Capítulo 4

La energía potencial

Este capítulo del libro va dedicado a la energía potencial, mi favorita. Y hay un motivo de peso para que así lo sea: te habrás dado cuenta de que soy un gran apasionado de las montañas rusas.

Antes de entrar en materia, y para que descubras mejor mi pasión por la física, te contaré una anécdota. Mi primer profesor de física del instituto era joven, y sabía qué debía hacer para atraer nuestra atención. Para ello, el primer día de clase trajo una maqueta de juguete de una montaña rusa en la que el papel del tren o vagoneta lo desempeñaba una canica. Con delicadeza, colocó la canica en la parte más alta de la maqueta y nos contó que allí tenía su energía potencial más alta y que eso le permitía recorrer todo el circuito. Evidentemente, la canica lo hizo, aunque en uno de los giros acabó cayendo al suelo, lo que provocó las carcajadas de todos mis compañeros. Repitió el proceso y, en el segundo intento, la canica no cayó, lo que creó cierta decepción entre todos. Esa demostración consiguió engancharme a la asignatura todo el año y no la olvidaré en toda mi vida. Con profesores así, tendríamos más alumnos motivados. Tras esta pequeña historia que, si la analizas bien, tiene mucha más importancia de lo que parece, empecemos por conocer qué es la energía potencial.

La energía potencial, por definición —esto es lo que deberíamos contestar en un examen—, es la energía mecánica asociada a la localización de un cuerpo dentro de un campo de fuerzas. Como esta frase, leída así del tirón, no es fácil de comprender, voy a hacer otra cosa: la reescribiré. ¿Qué tal si te digo que la energía potencial representa la energía acumulada que tiene un cuerpo debido a su posición? Esto ya es otra cosa, ¿no? Es decir, la energía potencial es la energía almacenada por un cuerpo por el simple hecho de estar en un punto concreto.

Hay varios tipos de energía potencial: la gravitatoria, la elástica, la eléctrica, la química y la nuclear. En este capítulo las veremos todas, pero nos centraremos esencialmente en la primera, que se genera gracias a la gravedad.

LA ALTURA Y LA ALTITUD

Primero hay un punto que debemos tener muy en cuenta, y no solo en física. Esto es saber diferenciar entre dos palabras que la gente suele confundir: *altura* y *altitud*. Cuando hablamos de altura, hacemos referencia a la distancia entre el terreno o suelo y el punto de observación en el que estamos

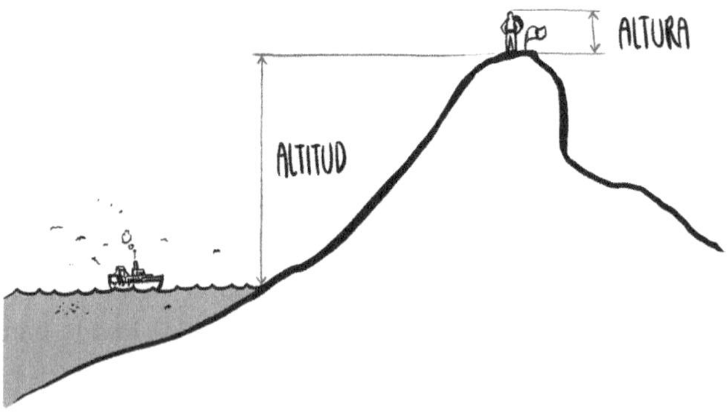

Figura 20. Diferencia entre altura y altitud

o queremos medir. La altitud, en cambio, se calcula respecto al nivel del mar.

El truco para no equivocarnos es recordar que cuando nos piden lo que medimos, por ejemplo, 1 metro y 70 centímetros, lo que nos están pidiendo es nuestra altura. En cambio, los más de 2.000 metros que puede medir una montaña, es su altitud. En la figura 20 te dejo un esquema para aclarar estos dos conceptos.

LA ENERGÍA POTENCIAL GRAVITATORIA

Ahora, para empezar ya con el tema en cuestión —y esto no lo podemos evitar—, toca conocer la fórmula matemática para calcular la energía potencial gravitatoria. De esta operación podemos deducir que la energía potencial de un cuerpo depende directamente de su masa, de la fuerza de gravedad a la que está expuesto y de la altura a la que está. Y cada uno de los tres tiene la misma importancia dentro de la ecuación.

$$E_p = m \times g \times h$$

Donde:
E_p = Energía potencial del cuerpo. En julios (J)
m = masa del cuerpo. En kilos (kg)
g = gravedad. En metros por segundo al cuadrado (m/s^2)
h = altura. En metros (m)

Así podemos determinar la energía potencial de cualquier objeto que, por ejemplo, tengamos en nuestro salón. Conociendo su masa en kilos, sabiendo su altura en metros respecto al suelo y teniendo en cuenta que la gravedad de la Tierra es de

DATO CURIOSO

Cuánto pesamos en otros planetas

La energía potencial gravitatoria depende del campo gravitatorio, y en la Tierra, la gravedad tiene un valor de 9,81 m/s^2. Muchos de nosotros, cada mañana, nos ponemos encima de una báscula para saber si estamos engordando o adelgazando. Dejando de un lado el resultado que nos muestra la pantalla, que muchas veces nos decepciona, el dato que nos da está expresado en kilos (kg). Pero si esta báscula estuviera en otro planeta, el dato sería diferente porque la gravedad también lo es. Así, si queremos hacer el cálculo para otro planeta, tenemos que cambiar la constante g acorde a la del planeta en cuestión. Vamos a calcularlo porque el resultado es muy llamativo.

La fórmula para conocer el peso es muy sencilla:

$$P = m \times g$$

Donde:

P = peso. En newtons (N)

m = masa. En kilos (kg)

g = gravedad. En metros por segundo al cuadrado (m/s^2)

Imaginemos que la báscula marca 70 kg en la Tierra y nos vamos a Júpiter. Conocemos nuestra masa y la gravedad, pero no queremos saber nuestro peso en newtons, que es incómodo. Así que vamos a hacer una regla de tres. Si con una gravedad de la Tierra de 9,81 m/s^2 pesamos 70 kg, el peso con una gravedad que en Júpiter es de 24,79 m/s^2 sería:

$$\text{Peso}_{\text{en Júpiter}} = (70\ \text{kg} \times 24{,}79\ \text{m/s}^2)\ /\ 9{,}81\ \text{m/s}^2 = 177\ \text{kg}$$

Si realizamos el mismo cálculo para otros planetas,[1] nos sale que en Mercurio pesaríamos 26 kg; en Venus, 63 kg; en Marte, 27 kg; en Saturno, 75 kg; en Urano, 63 kg y en Neptuno, 80 kg. Por curiosidad, en la Luna pesaríamos solo 12 kg. ¿Ahora entiendes lo ligeros que iban los astronautas del Apollo 11 en 1969?

DATO CURIOSO
La báscula

Que no te engañen: la báscula da el resultado en kilos por cuestión de comodidad, pero no mide la masa. Lo que realmente está midiendo es la fuerza (el peso), así que debería marcar newtons. Esto implica que, en otros planetas, indicaría valores distintos.

Nuestra masa es la misma en la Tierra que en cualquier otro planeta. Si mi masa es de 70 kilos aquí, en Saturno también; pero la báscula marcará otra cantidad.

9,81 m/s^2, multiplicamos estos valores y obtenemos la energía potencial en julios. ¡Así de fácil! No ha sido tan complicado.

Las montañas rusas

Sabiendo la fórmula, ahora nos queda entender cómo funciona la energía potencial, y la montaña rusa es el ejemplo más claro que existe. Analicemos esta atracción y cómo se comporta la energía a lo largo de todo su recorrido.

Vamos a subirnos al primer vagón del tren de nuestra montaña rusa (es el que más impresión da, por cierto). Una vez que bajan las barras de seguridad, la gravedad hace que el tren avance unos metros hasta que sus anclajes en la parte inferior se enganchan a una gran cadena que nos eleva hasta la parte más alta de la atracción. Subir a esa altura no es fácil y se tiene que realizar un gran esfuerzo o *trabajo*, como hemos visto que se llama en física.

Cuando estamos en la parte más elevada, es el momento en el que tenemos la máxima energía potencial. Estamos parados, la cadena nos ha dejado al borde del abismo y, aun así, tenemos mucha energía; es el punto mágico de la energía potencial. Ahora prepararemos los pulmones porque vienen las emociones fuertes: cuando la cadena nos suelta, el tren formado por todos los vagones empieza a avanzar. Primero lentamente, pero luego, desde el vertiginoso descenso, a gran velocidad. La energía potencial que teníamos arriba se está convirtiendo en energía cinética. En la parte final de la primera bajada es cuando alcanzamos la máxima velocidad; hemos perdido casi toda la energía potencial, pero hemos ganado mucha energía cinética. Pero aún nos queda un largo recorrido, que viene una subida que es bastante larga. En este ascenso van a pasar cosas muy importantes. La primera que vamos a notar es que perdemos velocidad. Perdemos también energía cinética. Pero luego ganamos altura de nuevo y, con ella, energía potencial.

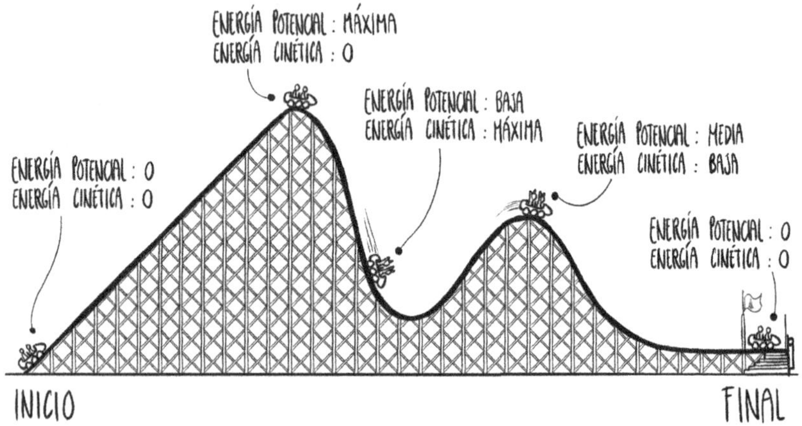

Figura 21. Balance energético en una montaña rusa

Pero el recorrido de la montaña rusa no puede durar de forma infinita, aunque sería realmente maravilloso.

DATO CURIOSO

El nacimiento de las montañas rusas

La primera montaña rusa se inauguró en 1887.[1] El inventor y empresario estadounidense LaMarcus Adna Thompson se fijó en las vagonetas con las que se transportaba el carbón en las minas, que aprovechaban la gravedad para desplazarse fácilmente por los raíles. Evidentemente, lo hacían sin motor, pero Thompson convirtió ese tipo de transporte en una forma de diversión y entretenimiento. O, lo que es lo mismo, en una *atracción*, justo la palabra que empleamos para denominar los grandes parques de ocio hoy en día.

El funcionamiento era exactamente el mismo que en las minas de carbón. La velocidad máxima que alcanzaban las vagonetas era de 6 millas por hora, es decir, 9,65 kilómetros por hora. Muy poco comparado con las que tenemos ahora, pero, aun así, la idea fue tan bien recibida por el público que en cuatro años se construyeron más de cincuenta montañas rusas tanto en Estados Unidos como en Europa.

¿Y por qué las llamamos montañas rusas? Porque su diseño se inspiró en los toboganes de madera cubiertos de hielo con los que en Rusia se divertían en el siglo XVII.

Cada vez que llegamos a una cresta, esta está a menor altura que la anterior. Si no fuera así, el tren sería incapaz de subirla y se quedaría atrapado en uno de los valles. Recordemos que hay otras dos fuerzas que debemos tener en cuenta: el rozamiento con las vías y la fricción con el aire. Las ruedas de cada vagón están en contacto directo con las vías y esto produce un rozamiento que, aunque pequeño, va frenando todo el tren. También hay pequeños deslizamientos, golpes y rozaduras que crean una resistencia y hacen que el recorrido

DATO CURIOSO

¿Por qué nos mareamos en una atracción?

Así como el cuerpo humano no está diseñado para volar ni para vivir bajo el agua, tampoco lo está para experimentar las sensaciones extremas que produce una montaña rusa. Todo nuestro cuerpo, tanto órganos, músculos como articulaciones, sufren las fuerzas laterales y verticales. La vista sufre a través de los ojos; no puede procesar tantos estímulos. Lo mismo le ocurre al equilibrio a través del oído. En resumen, todos los sentidos mandan información contradictoria a nuestra sala de máquinas que lo procesa y lo controla todo: el cerebro. Al haber discordancia entre los sentidos, notamos un gran malestar. Caminamos con dificultad y nos ponemos pálidos, entre otros efectos. Esto ocurre básicamente porque no estamos adaptados a este tipo de movimiento, que no es nada natural, a diferencia de correr, por ejemplo.

Esto lleva a que algunas personas acaben vomitando, pues los síntomas son muy parecidos a los que tendríamos si nos hubiéramos intoxicado. Cuando nos intoxicamos de cualquier forma, sea a través del alcohol o comiendo algún tipo de alimento en mal estado, el cuerpo, para no morir, provoca el vómito y así se libera de la ingesta dañina. Con la montaña rusa el cerebro recibe el mismo tipo de información, confundiéndola con una intoxicación. Y nos puede ocurrir lo mismo en otros medios de transporte como el avión o el coche. Esta reacción del cuerpo se denomina *cinetosis* y tiene que ver —cómo no— con la energía cinética. Viene del griego *kinētós,*[2] que significa «se mueve». No todas las personas lo sufren, pero yo sí.

no sea fluido del todo y perfecto. La aerodinámica tampoco es eficiente al 100% y, aunque se intenta que el rozamiento con el aire no sea demasiado, existe e influye en el frenado del convoy. Otros elementos, como los meteorológicos, también desempeñan un papel importante en el frenado, como el viento en contra, la temperatura o la lluvia.

Cuando hemos realizado todo el recorrido y el tren se ha detenido, la energía cinética es cero, así como la energía potencial. Pero recordemos que hay que dejar siempre bien claras las referencias iniciales y finales. En este caso, nuestra referencia siempre será el suelo de la atracción, pero seguramente el parque de atracciones está situado en una montaña o a cierta altitud respecto al nivel del mar. Si los vagones de una montaña rusa pudieran ir por el asfalto de una carretera como un tren turístico, una vez acabado el recorrido, podríamos quedarnos en el vagón y bajar por la carretera que da acceso al parque, volviendo a alcanzar una buena velocidad. De esta manera, si medimos la energía potencial respecto al nivel del mar, incluso parados al final del recorrido de la montaña rusa, seguiríamos teniendo algo de energía potencial.

El esquiador

La montaña rusa es seguramente el mejor ejemplo para entender la energía potencial gravitatoria. Pero hay otro caso muy claro con el que vamos a entender este tipo de energía: el del esquiador.

Es cierto que solo disponemos de algunas semanas al año para practicar el que, para algunos de nosotros, es nuestro deporte favorito, pero cuando se puede, esquiar es una auténtica gozada. Y como podemos suponer, la energía tiene un juego muy importante para que podamos disfrutar de la nieve.

DATO CURIOSO

¿Dónde se creó la primera estación de esquí?

La primera estación de esquí fue la de Saint Moritz, en Suiza, que en 1864 abrió sus puertas como centro de ocio.[4] Pero la práctica del esquí no era muy cómoda, ya que no existían los telesillas. Para encontrar el primer telesilla nos tenemos que esperar hasta 1936.[5] El ingeniero estadounidense Jim Curran se inspiró en las cestas que se usaban en Honduras para cargar los barcos con plátanos y diseñó el telesilla, que se usó por primera vez en Nebraska, Estados Unidos. La llegada del telesilla mejoró notablemente la comodidad de los esquiadores, que ya no tuvieron que remontar las montañas a pie.

Cuando llegamos a una estación de esquí, lo hacemos a la zona que se suele denominar *base*. Es la parte que está a menor altitud y acostumbramos a encontrar tiendas de alquiler de material, bares y restaurantes. Si queremos esquiar, tocará subir a mayor altitud y, una vez allí, deslizarse con los esquís hasta llegar a la parte inferior de la estación. Para poder hacer todo esto, necesitamos realizar un trabajo, ya que llegar a un punto superior de la estación requiere un desgaste energético; en este caso, lo va a realizar el telesilla. Una vez hemos ascendido con él, ya estamos a mayor altitud y contamos con una energía potencial más alta que cuando estábamos en la base. Aun si no nos movemos. Cuando nos empecemos a deslizar por la pista, la energía potencial que tenemos, gracias al hecho de estar tan elevados, se irá convirtiendo poco a poco en energía cinética e iremos ganando velocidad.

El descenso podrá ser más o menos pronunciado y de esto dependerá nuestra velocidad, pero siempre irá en contra de la

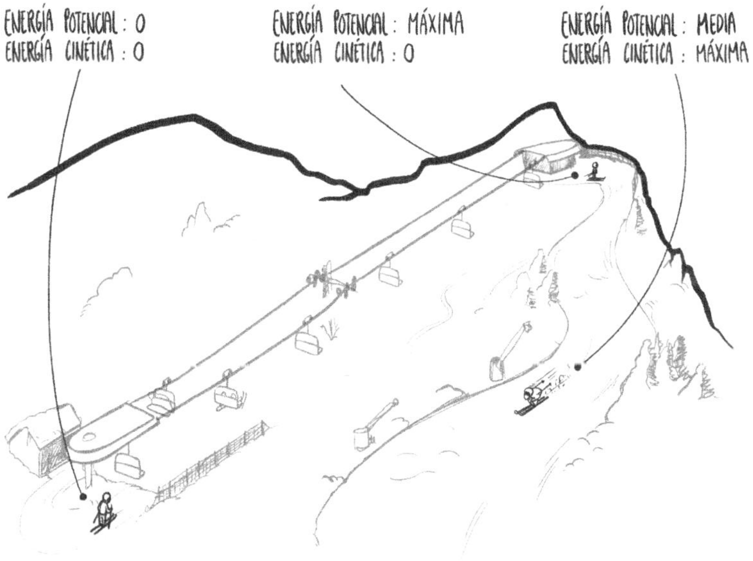

Figura 22. Balance energético en una pista de esquí

energía potencial. Una vez alcancemos de nuevo la base de la estación, nuestro punto de referencia, la energía potencial y la cinética se quedarán a cero. Si toda la montaña estuviera nevada, podría ser que esquiando llegásemos hasta el pueblo que está en el fondo del valle; así que si la referencia fuera el pueblo, en la base de la estación aún contaríamos con energía potencial.

Otros ejemplos

La montaña rusa y el esquiador son los dos ejemplos más fáciles y conocidos para entender la energía potencial gravitatoria, aunque evidentemente hay muchos más. El caso del paracaidista sería otro de ellos: el avión es el encargado de sacrificarse para realizar el trabajo que necesita una persona para llegar a un punto elevado en el cielo. En el momento en el que el paracaidista está sentado en el avión y va a saltar, cuenta con una gran energía potencial por el simple hecho de estar a tanta altura. Cuando se arroja al vacío, empieza la pérdida de energía potencial, que se convierte en energía cinética al adquirir más velocidad. A la que pone los pies en el suelo, su energía potencial vuelve a ser cero.

El mismo patrón lo encontramos en un parque acuático. Quien sea amante de sus toboganes sabrá que el tiempo que se emplea en subir las cuestas y las escaleras se hace eterno comparado con el tiempo en el que disfrutamos del descenso. En este caso, son nuestras piernas las que realizan el trabajo de subir hasta un punto elevado. Una vez allí, contamos de nuevo con una gran energía potencial. En cuanto nos introducimos en uno de los tubos con agua, solo por el simple hecho de estar en un punto alto, nuestro cuerpo empieza a deslizarse y cae hacia abajo hasta que llegamos a la piscina. Hemos vuelto a perder toda la energía potencial. A menor escala también podemos pensar en los toboganes que tenemos en los parques infantiles. Aunque apenas subimos dos metros, es suficiente para ganar energía potencial. De esta manera, los niños pueden disfrutar de una bajada corta, pero intensa, en la que en apenas uno o dos segundos pierden la energía potencial que han ganado subiendo las escaleritas o los peldaños que los llevan hasta la parte superior.

Hasta ahora hemos hablado de la energía potencial que ganamos o perdemos nosotros por el hecho de ser un cuerpo que gana altura, pero la energía potencial también es propia de los objetos. Posiblemente habrás escuchado que Isaac Newton estaba sentado bajo un árbol cuando una manzana le cayó en la cabeza, lo que le generó un mágico momento de inspiración, y fue a partir de ahí que formuló toda su teoría de la gravitación. Es una historia muy bonita, pero no es cierta.[6] Lo que sí es cierto es que la manzana, al desprenderse del árbol, cayó al suelo por el efecto de la gravedad. Cuando estaba sujeta al árbol a través de la rama, contaba con energía potencial gravitatoria. Llegado el momento de desprenderse al estar madura, la manzana no se queda flotando en el aire: cae hasta el suelo hasta que pierde su energía potencial. La altura a la que estaba la manzana no hubiera sido preocupante para Isaac Newton porque el manzano no es un árbol muy grande, pero si hubiera sido muy alto, y si la historia fuera cierta, sí que le hubiera dolido al recibir el impacto. Y es que la energía potencial puede llegar a ser peligrosa.

En días de viento, por ejemplo, siempre se alerta a la gente de que tenga cuidado y sujete bien las macetas de los balcones. Estas tienen una buena masa y están situadas a mucha altura respecto al suelo. Si el viento es fuerte y consigue empujarlas, caen al suelo convirtiéndose en un auténtico peligro para los viandantes. Al tener una energía potencial alta, en la caída vertical la maceta adquiere una gran energía cinética, ya que la única fuerza que actúa en contra es la resistencia con el aire, que, en este caso, al ser tan poca la altura y la velocidad, es mínima.

Las centrales hidroeléctricas

Antes hemos dicho que el agua de un río se mueve constantemente gracias a la gravedad. Así, ahora, por el hecho de moverse de una zona alta hacia una zona que tiene menor altitud, podemos afirmar que el agua cuenta con energía potencial gravitatoria. Poniendo una turbina en medio de un río ya obtendríamos energía eléctrica, pero no sería mucha porque un río baja de forma muy lenta. Pero si retenemos el

DATO CURIOSO
Cómo es una nube

Una nube está formada por millones y millones de gotitas de agua. Son tan pequeñas y su peso es tan minúsculo, que pueden sostenerse en el aire flotando. Piensa cuando en invierno te duchas en tu baño. Cuando sales de la ducha, todo está cubierto de una especie de niebla que llega a empañar hasta el espejo. Si miras fijamente a una luz, verás pequeños puntitos de niebla que se mueven hacia todas partes dentro de tu baño. Son minúsculas gotas de agua. Así que, técnicamente, podemos decir que cuando en invierno nos duchamos con agua caliente y todo se llena de niebla, estamos metidos dentro de una nube. Estas gotas son tan ligeras que las corrientes ascendentes de calor que salen del terreno debido al Sol, entre otros factores, las sostienen. Ahora bien, cuando estas minúsculas gotitas de agua van colisionando unas con otras, ganan tamaño y peso, hasta que llega un momento en el que ya no son tan ligeras y empiezan a caer, a precipitarse, hacia el suelo. Por esto la lluvia se denomina *precipitación.* El hecho de que las gotas de lluvia estén suspendidas en el aire, les da el privilegio de contar con una gran cantidad de energía potencial a pesar de tener poca masa. Esto hace que puedan caer varios kilómetros hasta tocar una superficie en el suelo.

agua en presas gigantes y dejamos que baje de forma abrupta por un pequeño espacio controlado, podemos provocar que el agua pierda gran altura en pocos metros, ganando así velocidad y fuerza, y adquiriendo mucha energía mecánica. De esta manera, aprovechamos su energía potencial para convertirla en energía eléctrica. Cuando el agua cae por gravedad en una presa, mueve una turbina hidráulica que transmite la energía a un generador eléctrico. La ventaja que tiene este proceso es que se puede realizar durante las veinticuatro horas del día siempre que tengamos un caudal persistente.

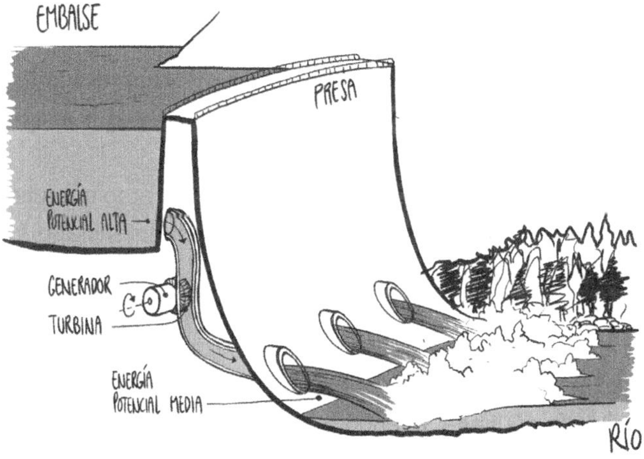

Figura 23. Esquema del funcionamiento de una central hidroeléctrica

LA ENERGÍA POTENCIAL ELÁSTICA

Sigamos ahora con otro tipo de energía potencial: la elástica. Esta ya no depende de una fuerza externa, sino de otro factor relacionado con las características físicas de un cuerpo. Como su propio nombre indica, en este caso es la capacidad que tienen algunos cuerpos de deformarse, es decir, de su elasticidad. Por definición, la energía potencial elástica es la tendencia que tiene un cuerpo a recuperar su forma inicial después de haber sido sometido a fuerzas externas que lo han deformado. Y cuando hablamos de deformar, no hacemos referencia a un concepto negativo, sino a cambiarle la forma que tenía en un principio.

Una vez tenemos clara esta definición, pensemos en materiales que se deforman y que luego vuelven a su forma original. Todo lo que nos venga a la cabeza tendrá, en mayor o menor medida, energía potencial elástica. Cuando doblamos un trozo de plástico, aplastamos una rebanada de pan de molde o estrujamos una esponja, estos cuerpos tienden a volver a su forma original. Pero vamos a ver a continuación casos en los que la energía potencial elástica es más grande y el ser humano le saca un buen partido.

El caso más explicativo de todos es el del arco que dispara una flecha. El arco en reposo tiene energía potencial elástica cero. Todo cambia en el momento en el que empezamos a tensar la cuerda al colocar la flecha. Si aplicamos una fuerza ligera y soltamos la flecha, esta saldrá disparada a poca velocidad; pero si estiramos al máximo la cuerda doblando el arco hasta su límite, cuando nuestros brazos estén realizando la máxima fuerza será el instante en el que el arco tendrá su máxima energía potencial elástica. Esta energía, cuando soltamos la mano, se transformará en energía cinética para

Figura 24. Arco y flecha con diferente energía potencial elástica

la flecha, que saldrá disparada a una gran velocidad. Es decir, la capacidad elástica que tiene el arco es la que le da la propiedad de poder almacenar tanta energía potencial elástica. (Pequeño paréntesis: si tenemos un arco y una flecha en las manos y los soltamos, caerán al suelo porque también tienen energía potencial gravitatoria).

Vamos a ver ahora un caso algo diferente, de un objeto gracias al cual ir por carretera se hace muy cómodo: los muelles de la amortiguación de los coches. Tienen una labor mucho más importante de lo que imaginamos. Suelen estar compuestos de acero y tienen forma de helicoide, una figura que dibuja una línea que gira alrededor de un eje y que avanza a la vez. Es decir, de muelle.

La labor del amortiguador es distinta a lo que hemos visto hasta el momento. Estos muelles, que oponen una gran resistencia a variar su forma, están diseñados para poder soportar el peso del coche, y se doblan o se estiran a medida que el vehículo se ve sometido a movimientos bruscos como el paso por un badén, una curva o incluso un frenazo. En todos estos casos el muelle se deforma para volver a su estado de reposo (siempre ligeramente deformado por aguantar el peso del coche). Esto hace que los pasajeros viajen tranquilos, ya que estos muelles amortiguan las fuerzas a las que el coche se ve sometido.

Los muelles no se usan solo en los coches. Muchos colchones los incorporan en su interior para hacer que nuestro cuerpo descanse mejor por la noche. Y algunos se dan de sí, por eso los colchones se tienen que girar de vez en cuando y cambiar (además de por motivos higiénicos, a veces se ven colchones amarillentos abandonados al lado de los contenedores de basura que deberían haberse jubilado hace mucho tiempo).

Se usan también en las pinzas de tender la ropa. Hay varios tipos, pero vamos a fijarnos en la típica de madera. En reposo, el muelle que une las dos piezas de madera ya está ejerciendo un poco de fuerza; si no fuera el caso, la pinza se desmontaría. Cuando queremos sujetar una pieza de ropa y con nuestros dedos hacemos que la pinza se abra, el muelle adquiere energía potencial elástica y lucha para volver a su estado inicial. Este es el secreto de la pinza tradicional de tender la ropa: están diseñadas para que las dos piezas de madera mantengan mucha fuerza mientras están separadas.

También hay muelles en las trampas para ratones. Nos referimos a las clásicas, aquellas que salen en los dibujos animados donde encima de una pieza de madera se coloca un trozo de queso para que el ratón lo coja. Para armar la trampa, se tiene que hacer fuerza con las manos hasta bloquear en un extremo el alambre grueso. Una vez bloqueado, es el momento en el que la trampa tiene la energía potencial elástica más grande. Solo hay que esperar que el ratón la active intentando pillar el queso para que el muelle tienda a recuperar su estado inicial, convirtiendo su energía potencial elástica en energía cinética y dejando al ratón atrapado.

En el tema del ocio, concretamente en el de verano, contamos con algunas piscinas que tienen trampolines (aunque desgraciadamente cada vez menos por su peligrosidad). Muchos de nosotros nos hemos pasado horas y horas disfrutando con ellos, volviendo a casa con más de un moratón por haber caído encima de otro amigo. En las pruebas deportivas como, por ejemplo, los Juegos Olímpicos, los trampolines suelen ser muy flexibles y, como tal, tienden a volver a su estado inicial cuando les aplicamos fuerzas externas; por tanto, almacenan energía potencial elástica. Cuanta más almacenen, con más fuerza saldrá el saltador de él.

Por último, este caso seguro ya lo relacionarás fácilmente con la energía potencial elástica: el de las pelotas de goma. Los balones y las pelotas de la mayoría de los deportes, como, por ejemplo, las de baloncesto, tienen en su interior aire que se ha introducido a alta presión. Este ejerce fuerza hacia las

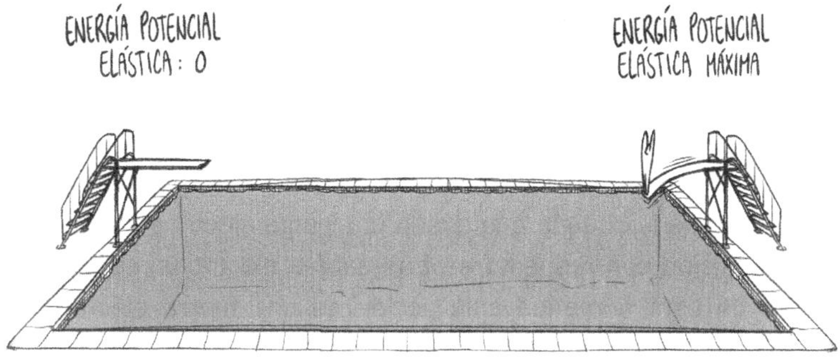

Figura 25. Dos trampolines con diferente energía potencial elástica

paredes que las componen, lo cual les da rigidez y la capacidad de rebotar cuando se someten a un impacto exterior. Como la presión interior es tan alta, la pared del esférico hace una fuerza para volver a su estado inicial cuando se ve deformada un instante, por este motivo rebota tanto. Esta reacción es la que permite disfrutar del deporte. Lo mismo sucede con las pelotas de pelota vasca, cuyo sonido es, además, muy característico. En el caso del tenis, la deformación tiene importancia cuando toca el suelo, pero también las cuerdas de la raqueta juegan un papel importante. Cuando impactan contra la pelota, se deforman, y al volver a su estado original, le dan más impulso.

Como ves, podemos encontrar energía potencial elástica en muchos objetos que usamos en nuestra vida diaria. Y en muchísimos más: dentro de los relojes hay muelles minúsculos, así como en los bolígrafos para que cada vez que pulsemos salga la punta. Incluso algunas cerraduras de puertas tienen muelles en su mecanismo.

LA ENERGÍA POTENCIAL ELÉCTRICA

Este otro tipo de energía potencial ya no es tan evidente como los dos anteriores, pero es igual o más importante que los que hemos visto hasta ahora: la energía potencial eléctrica. Se trata de la energía que posee una carga eléctrica debido a su posición con respecto a otras cargas eléctricas, es decir, cuando está sometida a la acción de una fuerza eléctrica. Esta definición ya no es tan intuitiva como las anteriores, y no nos resulta tan mecánica ni fácil de imaginar. Para entenderla, vamos a huir de fórmulas (que, por cierto, hay muchas) y vamos a centrarnos en comprender el concepto.

Recordemos que un cuerpo que tiene carga eléctrica la puede tener positiva o negativa. Los protones la tienen positiva; los electrones, negativa. Cuando hablamos de cargas, a secas, nos referimos a protones, neutrones y electrones. Todas las cargas generan a su alrededor una perturbación que denominamos *campo eléctrico*. Si dentro de este radio introducimos otra carga, sea positiva o negativa, es cuando empieza la acción, y lo divertido. ¿Por qué? Porque la carga que introducimos se verá sometida a una fuerza. Si ambas son del mismo tipo, se van a repeler. Si son de distinto tipo, se van a atraer. La energía que va a adquirir la carga eléctrica que introducimos es la energía potencial eléctrica.

Como el mundo de las cargas eléctricas es tan minúsculo que representarlo mentalmente es complicado, vamos a hacer un símil de lo que ocurre con los imanes. Imaginemos un imán grande y otro pequeño de la misma carga: se repelen. Si con las manos intentamos pegar al máximo los dos imanes, tendremos que realizar una fuerza para juntarlos, y cada vez nos va a costar más hacerlo a medida que los acercamos. En el momento en el que el imán pequeño esté pegado al imán grande y nos cueste retenerlo, la energía potencial eléctrica imaginaria es máxima. Si en ese momento soltamos los imanes, el pequeño saldrá disparado y perderá toda la energía potencial que había acumulado: la ha transformado en movimiento, o lo que es lo mismo, en energía cinética. Pues bien, la energía potencial eléctrica es exactamente esto, pero en lugar de tener dos cuerpos, tiene dos cargas eléctricas.

Fíjate en la figura 26. Hemos introducido una carga positiva pequeña (carga 2) dentro del campo eléctrico que genera una carga positiva grande (carga 1). Si aguantamos la carga 2 en el interior, tendrá energía potencial eléctrica. Pero al ser del mismo tipo de carga, positiva, se repelerán; así que cuando la soltemos, saldrá repelida hacia el exterior, donde tendrá energía potencial eléctrica cero.

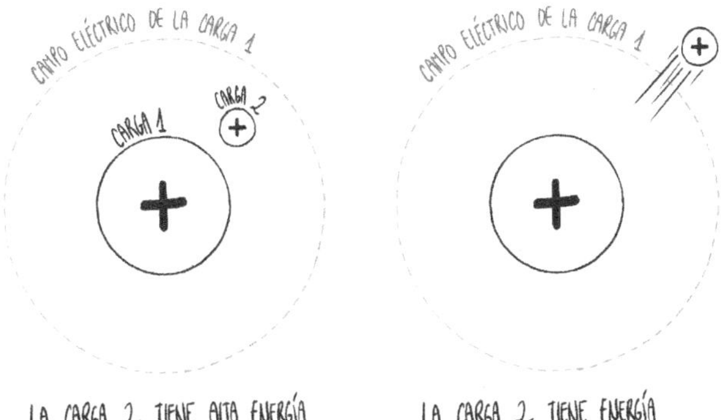

Figura 26. Una carga positiva pequeña dentro de un campo eléctrico positivo tiene energía potencial eléctrica

Por muy pequeña que sea la carga que introducimos (carga 2) comparada con la que tenemos estática (carga 1), también genera su propio campo eléctrico. Es decir, las dos cargas eléctricas generan un campo eléctrico, con lo cual ambas van a adquirir cierta energía potencial eléctrica, aunque la grande apenas se vea afectada. Esta es la idea que nos tiene que quedar clara para entender este tipo de energía potencial. Y en este ejemplo hemos contado con dos, pero el número de cargas puede ser tan elevado como queramos.

En nuestra vida cotidiana encontramos la energía potencial eléctrica en un aparato que siempre llevamos encima. ¿Cómo te quedas? Pues sí, es el teléfono móvil. Nuestros móviles utilizan unas baterías que almacenan energía potencial eléctrica. Están compuestas de elementos químicos que, cuando los conectamos a la electricidad, convierten su energía potencial química en energía potencial eléctrica que queda almacenada hasta que queremos usar el aparato electrónico. A medida que usamos el teléfono móvil, la energía potencial eléctrica disminuye hasta que la batería se agota.

Los condensadores, unos tubos pequeños cubiertos de plástico que podemos encontrar en un circuito eléctrico, también almacenan energía potencial eléctrica. Lo hacen normalmente gracias a un material interior que suele ser el aluminio.

LA ENERGÍA POTENCIAL QUÍMICA

La energía potencial química, como otras muchas, no la podemos ver ni percibir, pero esto cambia cuando se transforma en otras formas de energía mediante reacciones químicas. Como dedicaremos un capítulo entero en este libro a hablar de la energía química, la idea que debemos tener ahora en mente es que se trata de una energía que está almacenada en una sustancia y que cuando ocurre una reacción química puede liberarse. El ejemplo más claro es el de la gasolina: en sí, por sí sola, no genera ningún tipo de energía, pero cuando en el interior de un motor una chispa entra en contacto con la mezcla de aire y gasolina, la energía potencial química almacenada en los enlaces químicos que componen la gasolina se convierte en calor al darse la combustión. Y esta la aprovechamos para transformarla en energía mecánica, que provoca el movimiento y hace que los pistones del motor se muevan.

Pero esto no se da solo en materiales como el combustible. En nuestro cuerpo también hay energía potencial química: la almacena en el proceso metabólico de digestión de los alimentos. Los alimentos, a su vez, también tienen energía potencial química. Antes de ingerirlos, la tienen almacenada; se libera cuando la digerimos. Una vela, por ejemplo, también tiene energía potencial química. Cuando la encendemos, genera energía en forma de calor y de luz. Sucede lo mismo con la madera.

LA ENERGÍA POTENCIAL NUCLEAR

Este es el último tipo de energía potencial que queda: la nuclear. No entraremos en detalle porque en el libro ya hemos dedicado un capítulo entero a hablar de la misma.

Y con esto nos despedimos del capítulo dedicado a la energía potencial, que nos ha llevado a la emoción de una montaña rusa, a la adrenalina al deslizarnos por una montaña con unos esquís o a las grandes sorpresas que oculta algo tan simple como un arco y una flecha. Una energía almacenada en un cuerpo por el simple hecho de estar sometido a una gravedad, o bien por sus características y su forma, que luego se transforma en otro tipo de energía a la que le podemos sacar un gran partido.

Capítulo 5

La energía térmica

Abrimos este capítulo que será muy curioso, ya verás, con una aclaración importante: no son lo mismo energía térmica, temperatura y calor, por muy relacionados que estén. La energía térmica es la energía que tiene un sistema; el calor es la transferencia de energía entre sistemas debido a la diferencia de temperaturas, y la temperatura ya es un concepto más sencillo: es la medida de la energía cinética promedio de las partículas de un sistema.

Vamos a definir bien qué es la energía térmica, y en la propia definición veremos cómo aparece una energía de la que ya hemos hablado antes. Se trata de una energía que se manifiesta en forma de calor y se debe al movimiento de las moléculas y los átomos, es decir, a su energía cinética. Cuanto mayor sea su movimiento, mayor energía térmica tendremos. Así, vemos que la energía térmica no es más que la suma de las energías moleculares potencial y cinética.

Más adelante veremos también todas las maneras en las que esta energía térmica se puede transferir de un sistema a otro (la conducción, la convección y la radiación), que es lo que estudia la *termodinámica*.

LOS TRES PRINCIPIOS DE LA TERMODINÁMICA

¿Qué es la *termodinámica*? Algo que a los estudiantes no les gustaba demasiado porque los problemas de cálculo no eran precisamente fáciles. En especial, los que tocaban a veces en la universidad, que te obligaban a sacar libros con problemas resueltos para averiguar por dónde podías avanzar. Encontrar una página en la que había un planteamiento parecido te daba la vida, ya que te facilitaba muchas pistas. Sin llegar a ser una chuleta, algunos profesores recomendaban este método porque, al final, cada vez buscabas menos problemas resueltos ya que los sabías resolver tú. Como todo en la vida, es cuestión de práctica.

Pero para los que la descubrís ahora: la termodinámica es la rama de la física que estudia cómo se comporta la energía térmica y cómo se propaga, y la manera de presentar este comportamiento es a través de los *principios de la termodinámica*. Estas palabras también asustan, pero como en este libro nos hemos propuesto entenderlo todo de la forma más fácil posible, a partir de ahora lo verás todo de otro color.

Hay cuatro principios o leyes de la termodinámica. El primero de todos, denominado *principio cero* porque fue formulado *a posteriori* del resto, es el *principio del equilibrio térmico*: si dos sistemas están en equilibrio térmico de forma independiente con un tercero, entonces también están en equilibrio térmico entre sí. Quiere decir, por ejemplo, que si tenemos un termómetro que nos marca que el agua de un vaso está a x grados, y el mismo termómetro nos marca que el vino de otro vaso está a la misma temperatura x, entonces el agua y el vino están en equilibrio térmico entre sí. Así de fácil.

El primer principio (que se llama así aunque sea el segundo) es el *principio de la conservación de la energía*, que dice que la energía no se crea ni se destruye, sino que solo se transforma. Una frase que ha salido más de una vez en este libro y de las más importantes de la ciencia.

El segundo principio es el *principio de la entropía*. Este formula que la entropía en el universo siempre tiende a aumentar y nunca disminuye. ¿Y qué es la entropía? No hace falta complicarse, pues podemos traducirla directamente por *desorden*. En este caso, hace referencia al desorden de un sistema. El caso más fácil de entender: un hielo en un vaso de agua. El hielo tiene una estructura rígida porque tiene las moléculas ordenadas, pero cuando se derrite, se convierte en agua. Las moléculas se empiezan a mover y así aumenta la entropía del sistema. Pues bien, este principio lo que dice es que, en un sistema aislado, el desorden siempre tiende a aumentar.

Y ya solo nos queda el tercer principio, el *principio del cero absoluto*, que dice que la entropía (o el desorden) de un sistema tiende a un valor mínimo cuando la temperatura se acerca al cero absoluto. Recordemos que este cero absoluto hace referencia a 0 kelvins, no a 0 grados Celsius.

Aunque los principios o leyes de la termodinámica pueden parecer un poco aburridos, son un peaje obligatorio. Ahora sigamos con la energía térmica.

CELSIUS, FAHRENHEIT Y KELVIN

La energía térmica se mide en julios (J). Una caloría son 4,184 julios, que es la energía necesaria para elevar la temperatura de un gramo de agua en un grado Celsius.

Como ya hemos comentado, es importante que hablemos de las unidades de medida. En nuestro día a día, todo está en grados Celsius, pero ¿qué es exactamente un grado Celsius? ¿Es lo mismo que un grado centígrado? En realidad sí porque tienen el mismo valor, pero hay que hacer un pequeño matiz: el término *centígrado* representa la centésima parte de la diferencia entre los puntos de fusión del hielo (0 °C) y de ebullición del agua (100 °C) en condiciones normales; pero, en 1948,[1] el Comité Consultivo de Termometría decidió que era más correcto definir la temperatura a partir de un único punto fijo y seleccionó el punto triple del agua. Este es la combinación de presión y temperatura en la que coexisten en equilibrio estable el agua en forma de sólido, líquido y gas, es decir, hielo, agua líquida y vapor, y corresponde a 0,01 °C.[2] Ese mismo año, la Conferencia General de Pesas y Medidas acordó sustituir el nombre de *grado centígrado* por *grado Celsius* en honor al físico sueco que inventó la escala centígrada, Anders Celsius.[3] Así que desde 1948 los grados centígrados han dejado de ser oficiales.

Pero ¡ojo!, que desde noviembre de 2018 tampoco se toma como referencia el punto triple del agua, sino otro valor numérico: la constante de Boltzmann, que relaciona la energía cinética media de las partículas con la temperatura absoluta, y cuyo valor no nos interesa ya demasiado porque se expresa en kelvins (K). ¡Y bingo! Hemos descubierto la unidad principal de temperatura del Sistema Internacional de Unidades (SI), que no añade la grafía °,[4] y que es la mayor pesadilla de los estudiantes: todos los cálculos se tienen que realizar usando esta unidad y, a diferencia del grado Celsius, no es para nada intuitiva ni cómoda de usar. Se llama así en honor a William Thomson, lord Kelvin, físico y matemático británico. La escala kelvin empieza por el 0 absoluto, que son exactamente -273,15 °C, la temperatura más baja que puede haber. A partir de ahí, podemos subir todo lo que queramos; no existe una temperatura máxima en kelvin. Dicho esto, la conversión de grados Celsius a kelvin es la siguiente:

$$K = C + 273{,}15$$

Eso quiere decir que los 0 °C, temperatura a la cual se congela el agua, son 273,15 K y que el punto de ebullición (100 °C) es de 373,15 K.

Si hemos hablado de grados Celsius y kelvin, hay una unidad que no podemos pasar por alto: el Fahrenheit (°F). Cuando me fui a vivir a Madrid, compartía piso, y la novia de uno de mis compañeros era de Chicago. Tuvimos largas conversaciones sobre las diferencias entre el mundo estadounidense y el europeo, y uno de los temas que más rabia le daba a ella —porque sabía que yo tenía razón—, era el de los grados Celsius y los Fahrenheit: nuestro sistema graduado es mucho mejor que el suyo. ¡Menudo lío los Fahrenheit! Melania, así se llamaba la novia de mi compañero de piso, decía que el Fahrenheit era muy *complicadow*, palabra que yo siempre le repetía con cualquier excusa para reírme de su acento norteamericano. Es *complicadow* incluso saber cómo se creó la escala. La definió el físico polaco de origen alemán Daniel Gabriel Fahrenheit en 1724.[5] Para este científico, el 0 °F correspondía a la temperatura de congelación de una salmuera (solución de agua y sal que se usa para conservar y condimentar alimentos) hecha de agua, hielo y cloruro de amonio (una sal). La escala Fahrenheit se define mediante dos puntos fijos con 180 °F de diferencia: los 32 °F de la congelación del agua pura (0 °C o 273,15 K) y los 212 °F del punto de ebullición del agua (100 °C o 373,15 K). Esta unidad se sigue usando tanto en Estados Unidos como en otras pequeñas regiones del mundo, principalmente islas, y hasta hace relativamente poco, en 1962, el Reino Unido aún la utilizaba.

LAS FUNCIONES DE LA ENERGÍA TÉRMICA

Hecha esta pequeña introducción, ya podemos centrarnos en el punto de este capítulo que nos interesa: las funciones de la energía térmica.

Una de las principales funciones de la energía térmica es la de darnos una temperatura agradable durante los meses más fríos del año. O, lo que es lo mismo: la calefacción. Esta es imprescindible en todos los lugares en los que no estamos al aire libre y en los cuales pasamos muchas horas de nuestra vida diaria: el hogar, el lugar de trabajo, el coche, el centro comercial..., pues tener una temperatura de confort hace que los espacios en los que estamos sean habitables. Hay muchos sistemas distintos de calefacción: antiguamente era el fuego el que calentaba las casas, más adelante vinieron las estufas eléctricas y actualmente contamos con un gran abanico de sistemas que nos hacen la vida más cómoda, ya sea calefacción con sistemas de aire, radiadores en la pared, suelos radiantes o la geotermia (que aprovecha el calor del interior de la Tierra). La mayoría de esos sistemas transforman la energía térmica en calor a través de la radiación y la convección, siendo unos más eficientes y económicos que otros, pero en todos los casos, lo que se busca es la transferencia de calor de estos sistemas hacia un espacio cerrado para elevar la temperatura ambiental y, así, que nuestro cuerpo pueda desarrollar sus actividades sin tener que ir tan abrigados que no nos podamos mover. En el exterior, la calefacción no tiene sentido porque el calor se escapa rápidamente hacia el cielo, provocando un gasto inútil. Por este motivo algunas ciudades han prohibido las estufas en las terrazas.

Otra función de la energía térmica, ya que estamos tocando el tema de los hogares, es la de cocinar los alimentos. Podemos usar el gas para, por ejemplo, los fogones de la cocina o los calentadores más antiguos. También la electricidad para cocinar con el horno o las vitrocerámicas. La cuestión es que el ser humano necesita la energía térmica para cocinar ciertos alimentos, ya que hacerlo nos garantiza eliminar bacterias y microorganismos de, por ejemplo, la carne o el pescado. Además, ayuda a que los alimentos sean más fáciles de digerir y les da más sabor, algo que aún colabora más en que sean atractivos a la hora de comer. (Y no pensemos que cocinar es solo hervir, freír o pasar por la plancha ciertas cosas; también es preparar conservas, mermeladas o escabeches para que se puedan mantener en el tiempo sin estropearse).

LAS CENTRALES TÉRMICAS

Vamos a dejar por ahora lo que ocurre en el interior de nuestros hogares y centrarnos en la producción de otras energías a partir de la térmica.

Ya hemos hablado de las centrales hidroeléctricas, que aprovechan la energía cinética del agua en movimiento de los ríos para generar electricidad, o de las nucleares. Pues bien, con la energía térmica podemos hacer lo mismo: en las centrales térmicas se queman combustibles fósiles para generar una combustión que provoca calor, y este calor calienta agua para producir vapor que mueve unas turbinas que generan electricidad. Es decir, todas tienen un funcionamiento similar.

El problema es que usan recursos no renovables como los combustibles fósiles (carbón, petróleo o gas natural), y la quema de cualquier combustible fósil genera contaminación ambiental. Tras la reacción química de la combustión, se emiten gases de efecto invernadero y partículas contaminantes. Entre los gases más propensos a hacerlo encontramos el dióxido de carbono (CO_2), el metano (CH_4) y óxidos de nitrógeno (NO_x, donde la $_x$ puede ser cualquier número de átomos de oxígeno, y dependiendo de este número, tendremos un óxido de nitrógeno u otro). Las partículas contaminantes son sobre todo hollín, cenizas y polvo en suspensión.

También hay que destacar que estas centrales térmicas, al producir una combustión, generan un aumento de temperatura considerable que debe ser controlado por un buen sistema de refrigeración. Por ello, estas centrales están situadas cerca de ríos porque el agua en circulación es uno de los mejores sistemas de refrigeración que existen. Los coches, por ejemplo, cuentan con un ventilador y una buena cantidad de agua refrigerante que se mueve a través de un circuito; pues las centrales térmicas igual. Pero, tal y como hacen muchas centrales nucleares, el agua se suele coger de un río cercano, y una vez ha refrigerado todo el sistema, se devuelve al río. Y el hecho de que, como hemos visto anteriormente en este libro, el agua de un río se use como refrigerante, tiene algunos peligros: que el retorno del agua se haga a una temperatura mayor a la de entrada. Esto puede dañar el ecosistema acuático del río, el agua puede arrastrar todo tipo de contaminantes y, en verano, si la temperatura del agua del río excede un determinado límite, no se puede usar. Además, coincide en la época del año en la que hay menos caudal en los ríos.

Con el paso de los años, las centrales térmicas se han ido modernizando. Hasta tal punto, que hay un tipo de central térmica, denominada de *ciclo combinado*, que aprovecha por partida doble el calor que genera. Es un tipo de central que usa como combustible habitual el gas: fruto de la quema del gas natural, los gases calientes hacen girar una turbina que genera electricidad; pero la diferencia respecto a las otras centrales térmicas es que, en lugar de desperdiciar volcando al exterior el calor sobrante tras mover esta turbina, lo reutiliza para calentar agua en una caldera, que genera más vapor para mover una segunda turbina. Por este motivo se llaman centrales de ciclo combinado: porque hay un ciclo de gas y otro ciclo de vapor.

Recordemos también que el humo blanco que sale de sus chimeneas y sus torres de refrigeración, que tienen la misma forma que la torre de refrigeración de la central nuclear que aparece en *Los Simpson* no es humo, sino agua. Así que por el humo blanco no hay que preocuparse. Los contaminantes más peligrosos saldrán de la central térmica en forma de gas invisible o humo ligeramente oscuro.

Hoy en día se hace todo lo posible para reducir al máximo la contaminación por parte de estas centrales y hay un control exhaustivo para que no afecten a la zona que la rodea, tanto al ser humano como a la flora y a la fauna. También hay que comentar que una central térmica es muy fiable como fuente de energía eléctrica: puede generar energía las veinticuatro horas del día, incluso en momentos en los que la generación de electricidad por otras vías disminuye. Además, su coste es muy bajo: los combustibles fósiles son económicos, especialmente el carbón, y todos sabemos que el beneficio económico de las empresas es lo primero que se mira.

LA ENERGÍA TÉRMICA EN LA INDUSTRIA

La energía térmica se utiliza para muchos procesos industriales más allá de la generación de electricidad. Podríamos enumerar una lista interminable de fábricas que usan esta energía para sus procesos básicos, y todas ellas cuentan con chimeneas para la extracción de los productos resultantes de las combustiones, sean gases contaminantes o vapor de agua.

Si pensamos en una fábrica que usa el calor para su proceso, lo primero que nos viene a la cabeza son las fábricas de fundición. Necesitan altísimas temperaturas para fundir el metal y verterlo en los moldes con la forma que les pide el cliente. Como puedes suponer, las fábricas de fundición obtienen calor mediante la quema de combustibles fósiles como el gas o el petróleo, o mediante el uso de la electricidad con hornos de inducción (antiguamente también usaban carbón, pero ahora prácticamente no se usa debido a que su quema es muy contaminante).

La combustión es muy efectiva para alcanzar las temperaturas de fundición extraordinariamente altas que se necesitan. Aunque también se pueden conseguir mediante la inducción, que usa campos eléctricos para calentar los metales.

Podemos imaginarnos lo altas que son las temperaturas que se generan en el interior de estas fábricas, lo que implica que requieran de un buen sistema de refrigeración ambiental. La mayoría de los sistemas de refrigeración, y los más efectivos, son los que utilizan torres de enfriamiento cuyo funcionamiento nos recuerda al de una nevera o al del motor de un coche. Como vimos en el capítulo de la energía nuclear, cuando el agua circula por el interior de la fábrica y se calienta, se bombea a la torre de refrigeración, que está en el exterior, y se distribuye por una rejilla con orificios a través de los cuales se pulveriza al exterior. Ahí parte del agua se va a evaporar porque estará caliente, y el agua, cuando pasa de estado líquido a gas, absorbe calor (como cuando hierve). Este proceso se ve acelerado por unos ventiladores, y cuando el aire de las torres de enfriamiento, caliente y lleno de vapor, se libera a la atmósfera, la temperatura del agua restante disminuye y se cuela de nuevo en el interior de la fábrica para reiniciar el proceso.

LA TRANSFERENCIA DE ENERGÍA

Seguimos dando pequeños pasitos en este mundo de la energía térmica, que es tan amplio y complejo, y nos toca muy de cerca.

En cualquier momento del día, en todas las épocas del año, necesitamos unas condiciones de temperatura que nos permitan desarrollar nuestras actividades con confort. Queda claro que no existe una temperatura perfecta, sino que hablamos de un rango que puede cambiar dependiendo del año, de la actividad y del país en el que vivimos. Para conseguirlo, necesitamos alguna fuente de energía térmica que dé calor o frío al aire. No hay una única manera. De hecho, hay tres formas distintas de transferir energía térmica: la conducción, la convección y la radiación, que pueden actuar por sí solas o combinadas entre ellas.

Vamos a ver el ejemplo más claro en el que encontramos las tres formas de transferencia de calor a la vez: cuando calentamos agua en un fogón de la cocina. No hace falta que el agua hierva, con el proceso de calentarla ya tenemos suficiente. Lo analizaremos por orden. Primero encontramos la radiación: cuando la llama sale, realiza un pequeño trayecto por el aire y calienta la base de la olla. Después entra en juego la conducción: cuando el calor de la parte central de la base de la olla se reparte al resto de la base y a los laterales. Finalmente encontramos la convección: el agua que se calienta del fondo de la olla asciende y la fría desciende, creando una corriente con la que el agua se va calentando en todo su volumen.

Veámoslas por separado.

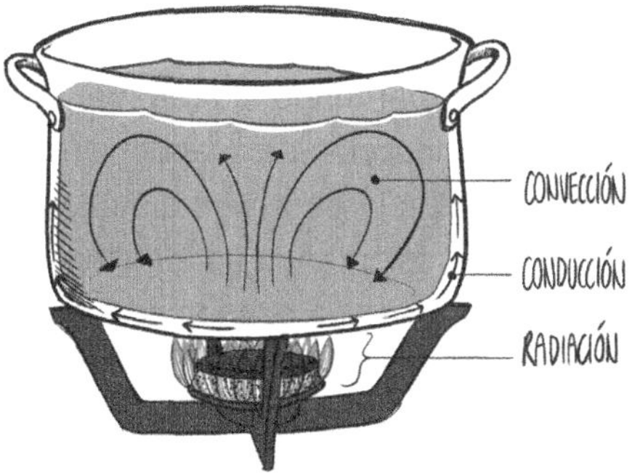

Figura 27. Radiación, conducción y convección al calentar agua en un fogón

La conducción térmica

La primera forma de transferencia de energía térmica que vamos a descubrir es la conducción. Esta transmisión de calor se produce por el contacto directo principalmente entre cuerpos sólidos en el que el calor se desplaza desde el que tiene mayor temperatura al que tiene menos. Solo hay intercambio de calor, no de materia. Eso sí, el requisito es que deben estar en contacto.

Hay algunos ejemplos que nos van a ayudar a entender este tipo de transferencia; el de la olla es el más claro de todos. En contacto con el fuego, la parte central de la base de la olla va aumentando de temperatura. Por conducción, toda la base acaba calentándose, y en algunos casos, el calor también es conducido hasta las asas. Por este motivo, para que no nos quememos las manos, algunas asas están recubiertas por un material plástico que actúa a modo de aislante. Si no lo tiene, toca usar unas manoplas.

Esto también sucede con los cubiertos. Muchos tenedores, cuchillos y cucharas tienen en la parte que toca las manos un recubrimiento de plástico o madera. El motivo es el mismo que el anterior: si estamos comiendo algo muy caliente, el calor de la comida se transfiere al metal del cubierto y, a través de la conducción, se va repartiendo al resto del utensilio.

Otro ejemplo de conducción es cuando vertemos un líquido muy caliente en una taza y esta se calienta. Al sujetarla con las manos, nos acaba calentando por conducción. Menos nos gusta la conducción en verano cuando caminamos encima de arena ardiendo. Por conducción nos quemamos la planta de los pies. También ocurre cuando añadimos hielo a una bebida; en este caso la bebida transfiere el calor por conducción al hielo hasta que este se derrite. También hay conducción cuando dormimos con alguien y nos abrazamos: el que tiene una temperatura más alta se la transfiere al otro. O cuando planchamos la ropa. El contacto entre la plancha y la ropa, junto a un poco de humedad, permite que esta se estire.

Tal y como hemos podido comprobar, la conducción térmica está en nuestro entorno diariamente. Pero no todos los cuerpos tienen la habilidad de transferir el calor, y, si lo hacen, algunos lo realizan de forma más efectiva que otros. Aquí nos encontramos con otro término muy usado en física que se denomina *conductividad térmica* y es la capacidad que tiene un cuerpo de conducir el calor a través de él transfiriendo la energía cinética de sus moléculas a las que están adyacentes. Los metales tienen una conductividad térmica alta. Así, una olla se va calentando en toda su superficie, porque la energía cinética de los puntos más calientes se transfiere a otros con menor temperatura. En cambio, si lo que intentamos es que un trozo de corcho nos transfiera calor, será prácticamente imposible, porque este material tiene una conductividad térmica baja. Para hacernos una idea de la diferencia entre algunos materiales, el hierro (Fe) tiene una conductividad térmica de 80,2 W/(mK), donde W son vatios, m son metros y K son kelvin. El agua, que nos podría parecer que tiene una alta conductividad térmica, en realidad solo tiene 0,58 W/(mK). Es decir, su conductividad es 138 veces menor que la del hierro. ¿Y el corcho? El corcho se utiliza como aislante térmico por un motivo: su baja conductividad térmica. Llega a ser de solo 0,04 W/(mK), 2.005 veces menos que el hierro.

Hay varios factores que influyen en la transferencia de calor a través de un material. Por un lado, la cantidad de calor que se transmite depende de la geomctría del cuerpo y del área de su superficie. Por otro, la conductividad térmica es una propiedad propia del material y depende fundamentalmente de su naturaleza, así como de condiciones como la temperatura o la presión.

La convección térmica

La segunda forma de transferencia de energía térmica es la convección. Puede que, de las tres, sea la menos conocida, pero, de hecho, es la forma de transferencia de energía térmica más común. La convección es la transferencia de calor que se produce en un fluido, sea un líquido o un gas, debido al movimiento del propio fluido. Volvamos al ejemplo de la olla. Cuando tenemos el recipiente encima de la vitrocerámica o de la llama del fuego, la parte central de la base de la olla se calienta y el agua que está en contacto en ese lugar empieza también a calentarse, y asciende porque se vuelve menos densa que el agua fría. En consecuencia, el agua más fría desciende por los lados y ocupa el lugar que antes ocupaba el agua que se ha calentado. Este proceso se realiza de forma constante hasta que todo el agua del recipiente adquiere prácticamente la misma temperatura.

Puede que el término *convección* haga referencia a otros fenómenos, como la convección en mecánica de fluidos, que consiste en el movimiento de un fluido provocado por la diferencia de densidades. O la *convección atmosférica*, que consiste en el movimiento ascendente de grandes cantidades de aire caliente que crean los conocidos como *cumulonimbus*, las nubes más grandes de tormenta que podemos encontrar en las épocas con temperaturas más altas.

A finales de primavera y principios de verano, la convección también nos permite poner en práctica el vuelo sin motor o vuelo a vela. Cuando hay calor, se crean corrientes ascendentes de aire, que los planeadores aprovechan para ganar altitud. Pero primero hay que despegar. ¿Cómo lo hacen? Básicamente de dos maneras. La más habitual es que otro avión, que suele ser una avioneta a motor, los remolque y luego suelte el cable que los une. La otra, menos habitual,

DATO CURIOSO

Los *cumulonimbus*

Estas nubes, las favoritas de los meteorólogos por su inmensidad, pueden ser tan altas gracias al calor que genera el Sol, que va calentando tanto el suelo como el aire que está en contacto con él. Como el aire caliente es menos denso que el aire frío, el que estaba tocando el suelo asciende, y no lo hace unos pocos metros, sino centenares o miles. El espacio que libera tiene que ser ocupado por otra región de aire, el de las zonas colindantes (por este motivo en verano, por la tarde, suele levantarse un poco de viento). El aire caliente sube hasta encontrarse a una altura en la que el aire está frío, y en ese momento se forma una pequeña nube porque el vapor de agua se condensa creando pequeñas gotitas. Pero el aire caliente no se detiene, porque viene con mucha energía, y, cuanto más sube, más aire frío se va a encontrar y más nube se va a formar. Estas nubes no suelen crecer mucho lateralmente, por eso se las llama *nubes de desarrollo vertical*, pero tampoco pueden ascender de forma infinita. Cuando alcanza la *tropopausa*, el límite superior de la troposfera (a unos 10-15 kilómetros de la superficie de la Tierra), la temperatura deja de disminuir, y la nube no puede seguir creciendo. Entonces, la parte superior de la nube adquiere una especie de sombrero, que se denomina *yunque*, que quiere decir que ha alcanzado su madurez y ahí acaba la troposfera.[6]

Figura 28. Forma de un *cumulonimbus*

es mediante un cabrestante: un largo cable que tira del avión por la pista y lo suelta cuando el avión despega. Pero no son las únicas formas, también pueden subir a un punto elevado y lanzarse desde allí, o algunos planeadores cuentan con un pequeño sistema de propulsión inicial en forma de hélice.

Pero hablemos de lo importante: qué relaciona estos aviones con la energía térmica. El Sol incide en el terreno, pero como este no es uniforme, las corrientes de aire caliente ascendentes tampoco lo son. Así que hay que encontrarlas, pues son las que permiten el vuelo a vela, que puede durar horas en verano. Dentro de estos aviones hay sistemas visuales y auditivos que indican la variación de la altitud; así, el piloto puede detectar una corriente de aire caliente y empezar a dar vueltas en círculo en ella para ganar altitud y poder alargar todo lo posible el vuelo.

Este movimiento nos recuerda a las aves rapaces, que en verano buscan las mismas corrientes de aire caliente para ganar altitud y no gastar tanta energía para ascender. Águilas

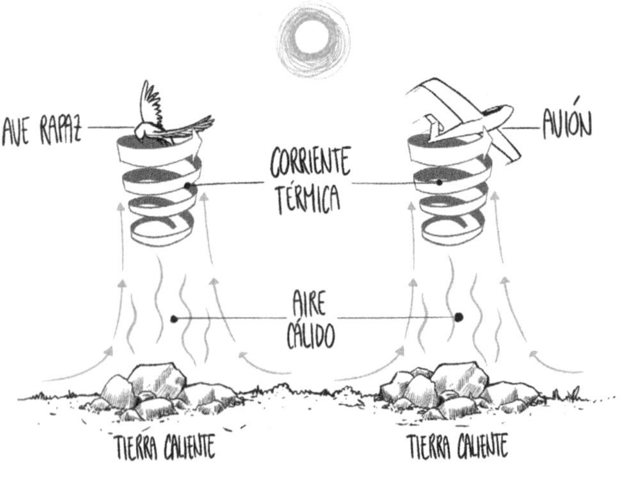

Figura 30. Aves rapaces y planeadores buscan las térmicas

DATO CURIOSO
El color de las nubes

Las nubes, cuando son pequeñas, son de color blanco. Pero cuando van adquiriendo cuerpo, empezamos a verlas de color gris. Llega un momento que son de un gris muy oscuro. ¿Cómo puede ser que una nube sea gris si está formada por minúsculas gotas de agua? El color gris, como puedes suponer, no lo es por la composición de la nube; lo que sucede es que la nube es tan densa que no deja pasar los rayos del Sol y, desde abajo, se ve oscura. La próxima vez que viajes en avión, si despegas un día con bastantes nubes, fíjate en que cuando el avión está en la pista y miras hacia el cielo, las nubes se ven grises. Pero a medida que el avión va ganando altura, las verás cada vez más blancas. Y cuando alcanza la altitud de crucero siempre se ven blancas porque no hay nada que tape la luz del Sol y toda la nube está iluminada por arriba.

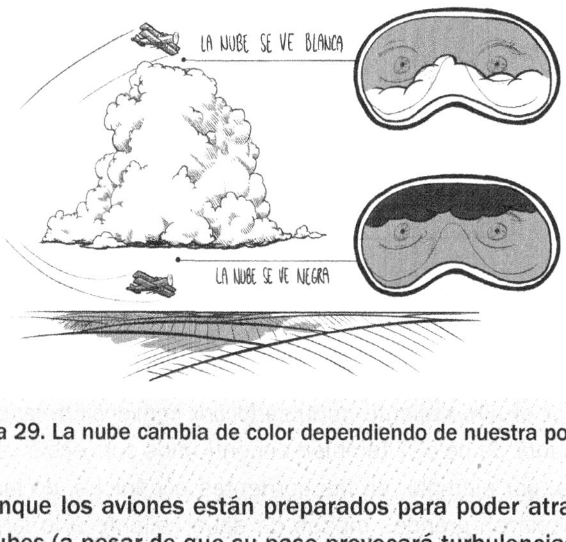

Figura 29. La nube cambia de color dependiendo de nuestra posición

Aunque los aviones están preparados para poder atravesar las nubes (a pesar de que su paso provocará turbulencias), tienen que evitar los *cumulonimbus*, pues tienen corrientes internas muy fuertes y, además, pueden contener granizo.

y buitres, al ser aves grandes, son las que mejor podemos ver, e impresiona observar cómo despliegan al máximo sus alas para tener una mayor superficie y que el aire las empuje hacia arriba. Desde allí, tienen una mejor vista para detectar presas y atacarlas.

En conclusión, la segunda forma de transferencia de energía térmica nos ha hecho descubrir muchas cosas de las que ocurren en el cielo, como la formación de las nubes y el vuelo de ciertas aves. Además, también la encontramos en muchos otros aspectos de nuestras vidas. La estufa que podemos tener en nuestro salón, por ejemplo, calienta el aire que está en contacto con el radiador, y este, por convección, se va moviendo por todo el salón.

Figura 31. El aire del salón se calienta por convección

Un secador de manos hace desaparecer el agua de nuestra piel por el aire caliente impulsado por convección, igual que el secador de pelo. Y también encontramos convección a gran escala, por ejemplo, en las corrientes oceánicas, en las que se desplazan grandes masas de agua caliente a lo largo de miles de kilómetros a través del planeta. Se producen debido a diferencias de salinidad de las aguas, a su temperatura, al viento o a la misma rotación terrestre, y son muy relevantes, porque definen el clima de la Tierra. Un ligero cambio en ellas provocaría grandes alteraciones en los climas.

La radiación térmica

La tercera forma de transferencia de energía térmica es la radiación: la única que no necesita un medio material para transmitirse. Es decir, no necesita contacto entre los cuerpos, y se realiza desde cuerpos de mayor a menor temperatura. Cuanto mayor sea la temperatura, con mayor intensidad se propagarán las ondas que van a viajar a través del aire.

En el ejemplo de la olla en la que calentamos el agua, la radiación es el calor que emite la llama en forma de ondas electromagnéticas y que llega directamente a la olla. Pero podemos encontrar muchos otros casos de radiación a nuestro alrededor. Por ejemplo, la calefacción, que primero transmite el calor por radiación a través del aire y, posteriormente, por convección calienta toda la habitación. Otro ejemplo es la lámpara que te ilumina mientras lees esto y que, si te acercas, podrás notar también su calor, que llega hasta ti a través de las ondas electromagnéticas viajando por el aire. Y, por supuesto, la forma de radiación que nos mantiene a todos con vida en este planeta: la solar. Las ondas electromagnéticas del Sol viajan millones de kilómetros por el espacio hasta llegar a la Tierra y calentarnos.

También podemos incluir el horno microondas dentro de los mecanismos de transferencia de energía por radiación, ya que utiliza ondas electromagnéticas para calentar los alimentos sin necesidad de contacto directo. Aunque, en realidad, deberíamos decir que calienta el agua de nuestros alimentos: su mecanismo emite un tipo de radiación electromagnética que interactúa con las moléculas de agua, aumentando su energía cinética y, por tanto, su temperatura. Casi todos los alimentos que metemos en el microondas, fíjate la próxima vez, contienen agua. Los que tienen poca, tardan un poco más en calentarse. Por ejemplo, el pan. En cambio, los que tienen mucha, o incluso la propia agua, se calientan muy rápido.

Cuando ponemos un vaso lleno de agua a calentar en el microondas, hay que ir con mucho cuidado. No hay que calentar el agua hasta que entre en ebullición, pues el microondas calienta de forma desigual y puede ser que, cuando parte del líquido haya llegado al punto de ebullición, otras no lo hayan hecho o incluso algunas lo hayan superado. Y es que, técnicamente, el agua puede estar a más de 100 °C pero no hervir; esto se llama sobrecalentamiento. Si en ese momento agarramos el vaso y removemos el líquido, de forma instantánea y explosiva el agua puede empezar a hervir, provocando graves quemaduras en la cara y en las manos. También se llama *ebullición súbita*. Se habla de «explosión del agua», pero en realidad, sería más correcto hablar de agua hirviendo de forma instantánea y, para que esto ocurra, se tienen que dar varias de las circunstancias que acabamos de comentar a la vez.

Hay algunos trucos para evitar que esto suceda. El primero, no dejar que el agua se caliente excesivamente. También funciona añadir sustancias como azúcar o café, o evitar usar recipientes que tengan las paredes totalmente lisas. O, si nos preparamos un té, meter la taza con la bolsita dentro. Añadir un palito de madera también nos ayudará a evitar accidentes.

LA NEVERA

Cuando hablamos de *energía térmica*, rápidamente nos vienen a la cabeza otros términos como *generación de calor*, pero no necesariamente debe ser así. Aunque no parezca muy lógico, la energía térmica también se utiliza en electrodomésticos que todos tenemos en casa para enfriar, como neveras, congeladores o aires acondicionados. La nevera, por ejemplo, va enchufada a la corriente y usa la energía eléctrica para extraer el calor de su interior hacia fuera, es decir, hacia el aire de la cocina. Así, el motor de la nevera consigue bajar la temperatura del interior porque la expulsa hacia el exterior, lo que en realidad convierte a nuestra nevera en un sistema que aumenta la temperatura de la cocina. No deja de ser curioso.

Todo esto lo consigue gracias al motor, que tiene un ciclo de refrigeración que juega con la compresión de un gas: un refrigerante que pasa de líquido a gas absorbiendo el calor de la nevera, y pasa de gas a líquido en la parte exterior de la nevera liberando el calor. Y así constantemente.

(¡Ojo! Si tienes que sustituir la nevera, llévala a un punto de reciclaje porque el refrigerante es muy contaminante y aumenta el efecto invernadero).

LA BOLSA DE AGUA CALIENTE

Tengo grandes recuerdos de cuando era pequeño e iba al pueblo. Lo mejor era ver a mi abuela, la persona que siempre nos mimaba y nos preparaba la comida que a nosotros nos gustaba. Me preparaba unos flanes caseros riquísimos. Pero vamos a volver al tema de la temperatura, que es lo que nos acontece en este libro.

En el pueblo siempre ha hecho mucho frío en invierno y antiguamente las casas solo tenían una estufa de leña. Con suerte, también algunas estufas portátiles eléctricas que solían hacer saltar los plomos. En cualquier caso, solo se calentaba la cocina y, a veces, el comedor. El viento soplaba muy fuerte y se colaba dentro porque las casas viejas siempre han estado mal aisladas, lo que aumentaba la sensación de frío.

DATO CURIOSO

¿Por qué es tan peligroso meter un objeto de metal en el microondas?

El microondas es un electrodoméstico que, a diferencia de otros que podemos tener en la cocina, como la nevera, el congelador o la cafetera, entraña ciertos peligros. Nunca debe dejarse al alcance de los niños y es mejor colocarlo en un lugar elevado para que no lo usen sin la supervisión de un adulto. Uno de los principales motivos es que los niños tienden a meter cosas en todos lados (antiguamente la ranura del vídeo VHS era tentadora y ahí dentro entraban desde platos a cualquier tipo de juguete; lo mismo sucede con las lavadoras), y todos sabemos que no podemos meter un metal dentro, pero un niño esto no lo sabe.

Poner un objeto de metal es tan peligroso porque las ondas del microondas no pueden atravesarlo ni calentar las moléculas de agua de su interior como hacen con los alimentos. Y es mejor que no lo pruebes: si activamos el microondas con un metal dentro, se empiezan a producir chispazos tanto sonoros como lumínicos que irán aumentando de intensidad porque, al no poder atravesar el metal, las ondas empiezan a generar campos eléctricos en su superficie que pueden acabar generando humo y hasta un incendio. Las chispas suelen producirse en los bordes o las puntas.

Así que, cuando ibas a la habitación, el frío era insoportable. El frío era tan intenso que incluso dentro de la cama no parabas de tiritar. Y eso que encima tenías varias mantas. Todo cambió el día que mi abuela me ofreció una bolsita de agua caliente. Siendo un niño eso me pareció todo un descubrimiento; más de treinta años después, tengo que confesar que en mi piso actual guardo dos bolsas de agua caliente y las he usado en alguna ocasión. Más que para superar el frío y no poner la calefacción tantas horas, para recordar a mi abuela, a la que tanto echo de menos.

La bolsa de agua caliente, por si eres muy joven y no sabes lo que es, es una bolsa de plástico duro recubierta de una funda de tela. Algunas las tejían nuestras propias abuelas y otras ya venían así de fábrica (esas eran más caras). Un rato antes de ir a dormir, se calienta agua y, justo antes de que empiece a hervir, se llena la bolsita y se mete dentro de la cama. Yo siempre he preferido tenerla en la parte de los pies, donde paso más frío. Otros la prefieren en el centro de la cama. Cuando te vas a dormir y abres las mantas, dentro está muy calentito y se duerme realmente bien sin pasar nada de frío. De hecho, la bolsa puede llegar a estar tan caliente que tienes que ir con cuidado de no quemarte.

Cuando el cuerpo humano está dentro de una cama caliente, duerme con mayor confort y comodidad; se descansa mejor. En ambientes fríos, conciliar el sueño puede ser difícil hasta que el propio cuerpo logra generar suficiente calor bajo las mantas. Por esto, la bolsa de agua caliente es un invento sencillo y económico que aprovecha una propiedad fundamental del agua: su elevado calor específico.

El calor específico de una sustancia es la cantidad de energía necesaria para aumentar en 1 °C la temperatura de 1 gramo de dicha sustancia. En el caso del agua, este valor es de 1 cal/g °C (o, de forma equivalente, 1 kcal/kg °C), muy superior al de otros materiales como la madera de pino (0,6 cal/g °C) o el hormigón (0,16 cal/g °C). Esto significa que el agua necesita mucha más energía para calentarse, pero también que, una vez caliente, conserva el calor durante más tiempo. Este es el verdadero secreto de la bolsa de agua caliente: su capacidad para mantener la cama con una buena temperatura durante horas, proporcionando calor de forma lenta y constante.

En verano, y en la playa, podemos comprobar lo que sucede con otros materiales. En el momento de máximo calor del día, no podemos caminar encima de la arena de la playa porque quema; en cambio, el agua del mar nos alivia. Por la noche, sucede todo lo contrario: la arena de la playa está muy fría y el agua sigue casi a la misma temperatura. Esto es debido a que el calor específico del agua es mucho más alto que el de la arena de la playa. Durante el día, el Sol calienta mucho la arena de la playa, pero cuando el Sol se pone, la arena rápidamente baja de temperatura, lo que denota un bajo calor específico. En cambio, al agua, a pesar del Sol, le cuesta mucho más calentarse, pero también enfriarse de noche.

EL BOTIJO

Entre otros inventos que aprovechan la energía térmica para aumentar nuestro confort, tenemos el botijo. Vamos a descubrir la ciencia que esconde. De pequeño, me fascinaba y mi abuela estaba pendiente de que no me bebiera toda el agua, porque yo era un niño muy tímido, reservado y callado, pero me fijaba muchísimo en las cosas y me gustaba descubrir curiosidades. Para los más jóvenes que estén leyendo este libro, en todas las casas de pueblo en verano había un botijo lleno de agua. Se trata de una especie de jarrón de barro en cuyo interior había siempre agua fría sin necesidad de que estuviera dentro de una nevera.

En la parte superior del botijo hay dos aperturas: una un poco mayor para llenarlo y otra en la parte opuesta, mucho más pequeña, con forma de pitorro, que es por donde se bebe. Los botijos no estaban ni pintados ni decorados y, si tenían algún motivo, era mínimo. Y esto tiene una explicación: el botijo está hecho de barro, y el barro es poroso, con una gran propiedad de evaporación. Esta es la clave de su funcionamiento. Cuando introducimos agua en el interior del botijo, una pequeña parte de ella se filtra por los poros de la pared y, cuando llega a la superficie, se evapora. La evaporación es un proceso endotérmico, lo que quiere decir que requiere de calor. Este se saca del interior del botijo y, si pierde calor, tanto el interior del botijo como, consecuentemente, el agua se enfrían.

Es evidente que, bajo ciertas condiciones, el botijo es más efectivo. En verano es cuando más se nota su funcionamiento porque hay más contraste entre la temperatura ambiental y el agua, pero también va muy bien en ambientes secos con altas temperaturas. En ambientes húmedos, la evaporación es menor.

En cualquier caso, hay que tener un poco de paciencia: no es llenar el botijo y obtener agua fría al instante. El barro se tiene que ir empapando poco a poco y debemos dar tiempo a que se produzca la evaporación. Tampoco debemos esperar tener el agua como la tendríamos en la nevera, pero sí que estará mucho más fresca que una botella de agua que podamos tener justo al lado al aire libre. Más aún en verano.

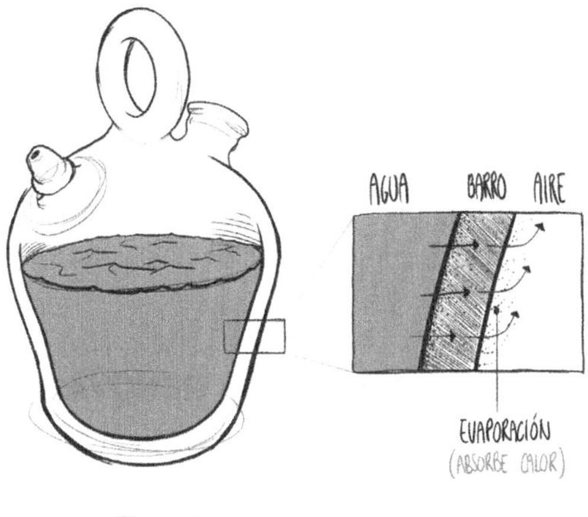

Figura 32. La ciencia del botijo

LA ROPA TÉRMICA

Ahora dejamos el verano y nos imaginamos un día muy frío de invierno. Esos días en los que, sin más remedio, tenemos que hacer uso de ropa térmica porque nos vamos a la montaña o a esquiar. En este caso, y a diferencia del botijo, la ropa térmica busca exactamente lo contrario: retener la energía térmica del cuerpo, y lo hace aislando el cuerpo del frío exterior para reducir la pérdida de calor.

Nuestro cuerpo genera calor, que se libera a través de la piel. Cuando ese calor se escapa, se aleja de nosotros y calienta una fina capa de aire que nos rodea. Ese aire caliente, por convección, se disipa, siendo sustituido por aire más frío que, al entrar en contacto con el cuerpo, vuelve a calentarse. Este proceso se repite de forma continua.

Si ponemos una capa de ropa en contacto directo con la piel, la convección se reduce de forma considerable y la pérdida de calor disminuye. Evidentemente, el tipo de tejido que usa la ropa térmica es especial y ayuda a que esta capa de calor que nos rodea no solo no se escape, sino que permanezca durante más tiempo. No importa tanto el grosor de la capa de tejido, sino más bien la calidad. Prendas delgadas pueden ser térmicas y otras más gruesas pueden no serlo. Además, este tipo de ropa es transpirable para que la humedad que genera el cuerpo pueda transpirar y no empecemos a retener el sudor y los olores, así que cierta porosidad existe, al igual que en el botijo, pero con una función diferente.

LA ENERGÍA TÉRMICA RENOVABLE

Para concluir, vamos a centrarnos durante unas líneas a hablar del futuro. La energía térmica puede ser —y ya lo es, por cierto— una fuente de energía renovable. Los rayos del Sol llegan a la Tierra cargados de energía, por lo que la energía solar es un recurso infinito de energía térmica (durante el día, claro).

Posiblemente te habrá llamado la atención que algunos anuncios de pisos nuevos publicitan que cuentan con energía solar térmica; las placas solares con las que cuentan están para captar la radiación solar y generar calor en los depósitos de agua que se utilizan para el uso doméstico.

La forma en la que las placas solares pueden calentar el agua de un depósito es la siguiente: dentro de las placas hay unas tuberías por las que circula un fluido anticongelante que nos permite poder operar todo el año, incluido el invierno. El fluido, una vez calentado, se dirige al depósito para ceder este calor al agua, y una vez enfriado, vuelve a las placas. Es una energía limpia y renovable, y solo contamina durante el proceso de producción de los materiales que conforman las placas.

Otro tipo de energía térmica renovable es la geotérmica, que aprovecha el calor que emerge del interior de la Tierra. En este caso, el sistema es más complejo que el anterior, ya que hay que acceder al subsuelo mediante tuberías, a veces, a más de cien metros de profundidad, y contar, entre otros sistemas, con una bomba de calor que transfiera el calor de las profundidades a nuestros hogares.

La biomasa, a pesar de que contamina (aunque menos que los combustibles fósiles), también se considera fuente de energía renovable. Está formada por materia orgánica como residuos biodegradables, residuos agrícolas o maderas, que se usan como combustible para producir energía.

Con esto, acabamos el repaso de las principales funciones de la energía térmica, pero hay muchas más. Seguro que te las encuentras en tu día a día.

Como hemos podido comprobar a lo largo de este capítulo, el ser humano ha sido capaz de diseñar sistemas para la obtención de calor a través de muchos sistemas posibles, porque, sin unas temperaturas adecuadas y confortables, nuestra vida sería mucho más difícil. Además, a través de la generación de calor podemos obtener electricidad, que, de cara al futuro, puede generar sistemas más limpios y respetuosos con el medio ambiente.

Capítulo 6

La energía química

Ahora le toca el turno a la energía química. Esta se desencadena a nivel molecular, es decir, en las estructuras formadas por átomos, por lo que tendremos que hacer un pequeño esfuerzo para imaginar lo que pasa en el interior de la materia. Lo veremos todo de forma fácil y sencilla. Y, como siempre, con mucho rigor. Descubriremos que sus consecuencias son seguramente las más visibles y espectaculares de todas las energías. En los casos más controlados, podemos obtener grandes beneficios, pero cuando todo se descontrola, puede dar lugar a grandes explosiones.

Tengo grandes recuerdos de cuando estudié Física en la universidad. Las asignaturas del primer curso digamos que no son las más apasionantes, ya que hay una gran carga de matemáticas. Tal es la carga que el mismo año tenías Álgebra 1 y Álgebra 2 o Análisis matemático 1 y Análisis matemático 2. Eso era desmoralizador, pues uno lo que quería era aprender física, astronomía o meteorología. Pero el primer paso para poder llegar a todo eso era aprobar cada una de las asignaturas de matemáticas que te daban la bienvenida a tu primer año universitario (en el que, por cierto, también descubres el bar de la universidad y las fiestas universitarias de los jueves). Pero había una asignatura en primero que se acababa convirtiendo en la preferida de muchos: Química. Y los que tuvimos la suerte de tener un gran profesor, uno enamorado de su trabajo, pasional y con ganas de ayudar a los alumnos, no lo vamos a olvidar nunca. Recuerdo que el que yo tuve el primer día nos dijo: «Algunos de los que estáis aquí, cuando terminéis mi asignatura, vais a pedir un cambio de carrera y dejaréis la licenciatura de Física para estudiar la de Química». No se equivocó. Esas clases fueron maravillosas; sus explicaciones, sus ejemplos y sus ganas de enseñar eran admirables. De hecho, dos compañeras hicieron el cambio que él había anticipado. El cambio de carrera tampoco era muy traumático, ya que se compartían asignaturas de primero y, además, el edificio donde se estudia la carrera de Física en la Universidad de Barcelona es el mismo en el que se estudia Química, y comparten biblioteca y bar. Aun así, no sé por qué, de lejos ya sabías quién era de Física y quién de Química. Los primeros íbamos más desaliñados y, según los de Química, éramos más feos. Pero lo aceptábamos con orgullo.

Dicho esto, pongámonos con la energía química y sus aplicaciones. Lo primero es definir qué es exactamente este tipo de energía: es la almacenada en los compuestos químicos y que puede liberarse a partir de las reacciones que se producen entre ellos. Para que lo entendamos todos, es la energía que hay «guardada» en los enlaces químicos de moléculas y compuestos, y que se libera cuando estos enlaces se rompen o se reorganizan durante una interacción química.

¿A qué nos recuerda esto? A la energía potencial, al momento en el que el tren de la montaña rusa estaba situado en el punto más alto. Así que, sin miedo, podemos decir que la energía química es una forma de energía potencial que, en el momento en que queramos, podemos usar para obtener otro tipo de energía, sea para generar electricidad, calor o empuje, por ejemplo.

La fuerza que mantiene unidos a los átomos para formar moléculas y compuestos son los enlaces químicos. Cuando una sustancia se transforma en otra, lo hace a través de reacciones químicas en las que se rompen enlaces químicos existentes y se forman otros nuevos. En este proceso, dos o más sustancias químicas, que son los *reactivos*, reorganizan sus enlaces químicos para crear nuevas estructuras químicas, que son los denominados *productos*. Durante estas transformaciones se puede liberar o consumir energía.

El ser humano ha sido capaz de aprovechar esta liberación de energía de múltiples formas, desde la generación de calor hasta hacer funcionar vehículos. Pero también hay una energía química que usamos de forma inconsciente, por ejemplo, durante la digestión de los alimentos.

El mundo en el que entraremos ahora es muy amplio, pero vamos a simplificarlo para que resulte fácil de entender. Aun así, el conocimiento que adquiriremos va a ser muy extenso, y en todo momento utilizaremos un lenguaje sencillo para que todo el mundo, desde abuelos hasta niños, puedan comprenderlo. Es uno de los principales objetivos de este libro.

TIPOS DE REACCIONES QUÍMICAS

Hay muchos tipos de reacciones químicas, algunas más fáciles de comprender que otras. Nos vamos a quedar con las más importantes y las que más cerca tenemos en nuestro día a día.

Las reacciones de *combustión* son las primeras que vimos cuando fuimos al colegio. Se estudian cuando somos pequeños porque son fáciles de entender y gracias a ellas funcionan muchas de las cosas que nos rodean. También porque son reacciones peligrosas que pueden derivar en incendios y hay que enseñárselas a los niños para que sepan cómo actuar. En una reacción de combustión, un material combustible se combina con el oxígeno y genera energía en forma de calor y de luz. Es decir, en forma de fuego. Pero también genera otros productos, como el vapor de agua o el dióxido de carbono.

Las reacciones de *síntesis* o *adición* son aquellas en las que dos o más reactivos se combinan para crear un nuevo producto. Si combinamos, por ejemplo, sodio y cloro, vamos a obtener cloruro de sodio. Es decir, sal común.

También tenemos las reacciones de *descomposición*, en las que un compuesto químico se divide en sustancias más simples. Un ejemplo sería la descomposición del agua en hidrógeno y oxígeno, lo que se denomina *electrólisis*.

Hay más tipos de reacciones, como las *ácido-base*, en las que un ácido y una base se neutralizan entre sí. A nivel molecular, un ácido es una sustancia que dona protones, y una base, la que los acepta. En la práctica, un ácido suele ser corrosivo, mientras que una base suele tener un tacto jabonoso.

La reacción *redox*, o de oxidación-reducción, es aquella en la que se produce un intercambio de electrones entre sustancias, lo que implica un cambio en sus estados de oxidación, es decir, en el número de electrones que se ganan o se pierden al formar un compuesto químico.

La de *desplazamiento simple* y *desplazamiento doble* es aquella en la que uno o más elementos actúan sobre una molécula y sustituyen a uno de sus elementos. En la simple, un elemento sustituye a otro; en la doble, dos compuestos intercambian partes de sus estructuras químicas.

Y, por último, aunque hay más, quiero mencionar la de *precipitación*, en la que en un medio acuoso se produce una reacción en la que se crea un sólido no soluble que precipita o se deposita en la base del recipiente.

Si nos paramos a pensarlo, todo lo que nos rodea es química. Incluso lo que forma parte de nosotros. Las reacciones químicas nos acompañan en cada momento: cada vez que hinchamos y deshinchamos los pulmones, el café que sale de la máquina, el autobús que arranca delante de nosotros, la batería del móvil que se nos acaba, etc. Pero hay algo todavía más especial, algo que nos da la vida y parece inagotable: el Sol.

EL SOL

La energía química no ha nacido en la Tierra, sino que tiene su origen en el Sol. Gracias a la energía que nos proporciona, disfrutamos de unas condiciones óptimas de luz y de calor que hacen posible la vida en nuestro planeta. Se estima que nuestra estrella se formó hace unos 4.500 millones de años a partir del polvo y las nubes de gas generadas por los restos de antiguas estrellas tras el *big bang*.[1]

Al tratarse de una estrella, no es una esfera sólida e incandescente como muchos se imaginan. Es una gran masa de gas compuesta en un 71% de hidrógeno (H), un 27% de helio (He) y un 2% de otros elementos como el oxígeno (O), el carbono (C), el neón (Ne) y el hierro (Fe). Su temperatura es extraordinariamente alta: su núcleo ronda los 15.000.000 °C, mientras que la parte menos caliente es su superficie, donde la temperatura es aproximadamente de 5.500 °C.

¿Y cómo puede esta gran esfera de gas ser capaz de generar tanta energía y de dar calor a todo el Sistema Solar?

La increíble energía que genera ininterrumpidamente el Sol se debe a la fusión nuclear. Esta reacción consiste en que los núcleos de los átomos de hidrógeno colisionan y se fusionan para formar helio. En este proceso hay una transformación de masa en energía, lo que provoca una gran liberación de luz y calor que se irradia en forma de onda electromagnética en todas direcciones, permitiendo así que haya vida en la Tierra. Pues debemos recordar que no solo es el calor del Sol el que permite que en la Tierra haya el tipo de vida que conocemos: también es imprescindible la luz que nos manda, que hace que tengan lugar las reacciones químicas necesarias para que tanto el reino vegetal como el animal puedan desarrollarse en este planeta.

La distancia que nos separa no siempre es la misma, pero la radiación solar recorre aproximadamente 150 millones de

DATO CURIOSO

Cuánto tiempo de vida le queda al Sol

Si te has preguntado alguna vez esto, la respuesta es que aún le quedan unos 5.000 millones de años de vida. Esto quiere decir que está a mitad de su existencia y, teniendo en cuenta la esperanza de vida de los seres humanos, y que al paso que vamos, seremos nosotros mismos los que haremos que la Tierra no sea habitable, preocuparnos por los años que le quedan de vida al Sol no debería ser una prioridad ahora mismo. Problemas mayores tenemos en estos momentos.

Cómo acabará nuestra estrella está claro que no lo veremos, pero todo parece indicar que se hará cada vez más grande y ya no brillará de la manera en que lo hace ahora ni generará tanto calor. Además, será más roja; se convertirá en lo que en astronomía se denomina una *gigante roja*. Hacia el final, expulsará todas sus capas externas creando una nebulosa de gases y polvo de colores. Su núcleo quedará pequeño, frío y denso, y se convertirá en una *enana blanca*. Así que, según está previsto, el Sol no explotará en forma de supernova, sino que quedará reducido al máximo como una miniestrella fría.

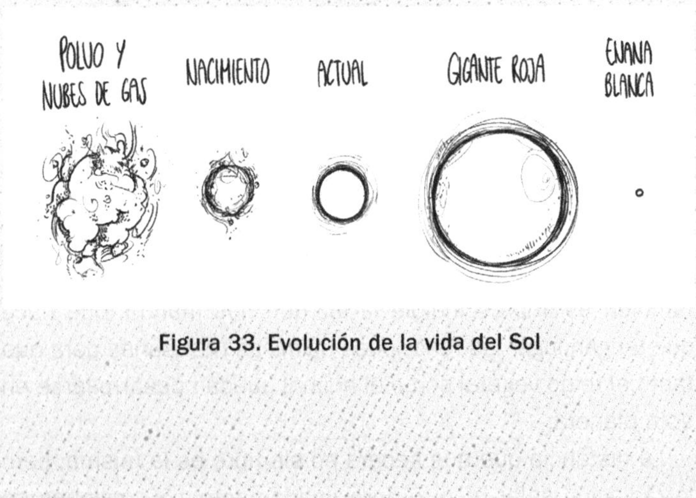

Figura 33. Evolución de la vida del Sol

kilómetros antes de llegar a la Tierra, o, lo que es lo mismo, una unidad muy usada en astronomía: 1 UA o unidad astronómica.

A pesar de esta gran distancia, las emisiones pueden llegar a ser mortales. La radiación ultravioleta o UV puede causarnos quemaduras en la piel y graves daños en los ojos si no nos protegemos, aunque tenemos la gran suerte de contar con la atmósfera terrestre que actúa a modo de filtro. Nuestra atmósfera, gracias a la capa de ozono, es capaz de absorber aproximadamente el 90% de los rayos ultravioleta. Por eso es tan importante hacer todo lo posible para evitar perder esta capa tan importante para nuestra seguridad y supervivencia, y tenemos buenas noticias: desde hace años, los productos que provocan la disminución de la capa de ozono se han ido prohibiendo, como los aerosoles, refrigeradores y todo tipo de aparato que use los clorofluorocarbonos (CFC), y las observaciones indican que la capa de ozono se está recuperando y entre 2040 y 2066 podría recuperarse del todo.

LAS AURORAS POLARES

Entre las cosas positivas del Sol hay una que mueve millones de euros cada año en el sector turístico: las auroras polares. Quizá te sorprenda que haya escrito auroras polares y no boreales. La explicación es que el fenómeno se denomina *aurora polar* porque tiene lugar cerca de los polos; se denomina *boreal* únicamente cuando nos referimos a las que se producen en el hemisferio norte, y *austral* si se dan en el hemisferio sur. Así que, para hablar del fenómeno, lo correcto es decir aurora polar.

Una aurora polar, como habrás visto en fotografías y vídeos (y si tienes suerte, en persona), es ese efecto luminoso habitualmente verde que se puede observar de noche en altas

DATO CURIOSO

¿Cuál es la temperatura más alta registrada en la Tierra?

La temperatura más alta registrada en la Tierra es de 56,7 °C y se registró en 1913.[2] ¿Dónde? En el famoso *Death Valley*, o Valle de la Muerte, en Estados Unidos. Curiosamente, no se llama así por la temperatura que hace, sino por un grupo de pioneros exploradores que se perdieron allí en el invierno de 1849-1850 durante la fiebre del oro. El valle era extremadamente seco, no tenían agua y todos pensaban que morirían allí. La desgracia no fue tan grave, pues solo uno de ellos falleció. El resto fueron rescatados y uno de los supervivientes, cuando abandonaba el valle, pronunció estas palabras: «Adiós, valle de la muerte».[3] Y así fue bautizado. Podría haber pronunciado otras palabras más fuertes, la verdad. Todos lo hubiéramos hecho. El valle tendría otro nombre que daría más miedo.

latitudes. Se produce cuando las partículas que recibimos del Sol interactúan con las de la atmósfera, creando un tipo de luz tenue y verdosa que tiene cierto movimiento en el cielo. Pero vamos a ahondar un poco más en este fenómeno porque tiene más importancia de la que imaginamos: en realidad, ver las auroras significa que la atmósfera nos está protegiendo de los rayos del Sol.

Este nos está mandando de forma constante partículas cargadas de protones, electrones y, en menor proporción, núcleos de helio; es el conocido *viento solar*. Esas partículas se liberan en la atmósfera del Sol, en la zona llamada *corona solar*, que es donde tienen lugar las erupciones que puedes haber visto en alguna imagen. Esta forma de liberación de energía que produce nuestra estrella es espectacular y violenta, y se produce en las regiones más activas del Sol donde hay campos magnéticos más intensos (en fotografías se aprecian muy bien, cosa que no podemos hacer a simple vista debido a que el Sol nos deslumbra).

Si estas partículas impactaran directamente en la superficie de la Tierra, moriríamos achicharrados. Pero nuestro planeta cuenta con algo que llamamos *campo magnético*, gracias a que su núcleo está formado por hierro y níquel fundidos y se mueve. Cuando el viento solar llega, el campo magnético actúa como si fuera un escudo y desvía las partículas hacia los polos. Ahí, chocan con las partículas de la atmósfera y, producto de esta interacción entre las partículas que nos manda el Sol y las presentes en la atmósfera en altas latitudes, se produce una reacción en la que disminuye la energía, y como esta, ni se crea ni se destruye, la energía que se libera se transforma en luz.

La luz con la que se manifiestan las auroras suele ser de color verde. Pero a veces pueden observarse colores distintos, como el rosa. El ojo humano no es muy sensible y le cuesta ver otros colores que no sean el verde, pero si alguna vez tienes la oportunidad y haces una fotografía con una cámara réflex o un móvil moderno, los sensores que llevan incorporados pueden detectar otras longitudes de onda y captar otros colores.

Los colores dependen también de la altitud de la atmósfera donde se produzcan las colisiones entre partículas. Habitualmente los tonos más rosáceos o rojizos los encontramos a mayores altitudes que las verdes, las más comunes.

Si alguna vez te has planteado ver auroras polares, te voy a dar algunos consejos. Si vives en el hemisferio norte, busca algún vuelo de bajo coste que te lleve a países como Islandia, Noruega, Suecia o Finlandia. Siempre encontrarás alguna. No hace falta contratar una excursión para ver las auroras boreales en esos países. Puedes ir por libre y ahorrarte el dinero. La mejor época para viajar es cuando las noches son más

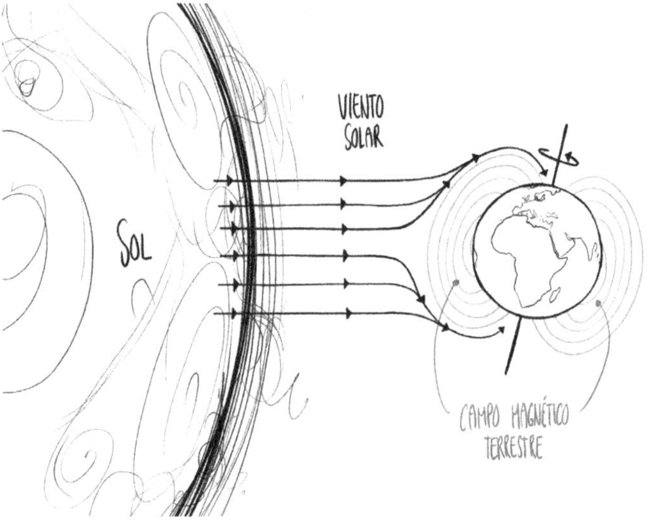

Figura 34. Proceso de formación de las auroras polares

largas, es decir, en invierno. En esos países es de noche casi todo el día y así aumentarás las posibilidades de verlas. Una vez allí, intenta alejarte lo máximo posible de los núcleos habitados para poder evitar la contaminación lumínica; necesitas un cielo oscuro. Llévate ropa de extremo invierno porque las noches son gélidas. Te recomiendo también mirar la previsión del tiempo: es habitual que borrascas y frentes crucen esos países, y pueden hacer que te pases la noche entera viendo nubes. Si tienes la gran suerte de tener una noche despejada, solo tienes que estar atento al cielo y verás esos mantos verdes tan deseados. Hay aplicaciones móviles y páginas web que indican cuándo hay más posibilidad de ver una aurora porque analizan la actividad del Sol, pero, aunque esta sea baja, alguna cosa podrás ver seguro. Es importante también tener en cuenta la Luna. Aunque no lo parezca, puede molestarnos su brillo; es mejor buscar las noches con Luna nueva, es decir, en las que no hay Luna.

En mi caso, viajé a Islandia un invierno para ver auroras, y de paso, el país. De las diez noches, solo en una no tuve nubes: me pasé la noche observando las auroras sin parar hasta que el frío me obligó a volver; a −10 °C las baterías de la cámara de fotos me dijeron basta. Hay gente que tiene más suerte, pero también tengo compañeros que en una semana las nubes no les han dejado ver nada.

VENTAJAS Y PELIGROS DE LA ENERGÍA QUÍMICA

Aparte de la vida y las auroras, la energía química tiene grandes ventajas, y algún que otro inconveniente. Veámoslos.

Una de las ventajas más importantes es su gran rendimiento, es decir, no se necesita mucha materia para obtener energía. Además, las reacciones químicas permiten modificar la materia y obtener productos que nos interesan, e incluso aprovechar desechos para producir energía, como ocurre con los biocombustibles, cada vez más presentes en la industria.

De la energía química, lo que más nos preocupa son los subproductos que se generan en las reacciones, especialmente en las relacionadas con los combustibles fósiles. Son conocidas por generar gases de efecto invernadero y contaminantes atmosféricos, como el monóxido de carbono (CO), el dióxido de carbono (CO_2), el dióxido de azufre (SO_2), el dióxido de nitrógeno (NO_2) o el óxido nítrico (NO), entre otros. Por ese motivo, deberíamos dejar de usar los combustibles fósiles lo antes posible.

Hay que decir que una reacción química entraña cierto peligro si no se da bajo unas condiciones de seguridad. En casa, una reacción química sencilla también nos puede dar un susto, como la combustión del gas de la cocina o la mezcla incorrecta de productos de limpieza.

No obstante, quedémonos con lo bueno de las reacciones químicas. Una de las que más nos gusta a muchos es la fermentación, sea para preparar un buen pan o una cerveza. Aquí ya ves las reacciones de otra forma, ¿verdad? Veamos alguna más.

LA ENERGÍA QUÍMICA EN NUESTRO DÍA A DÍA

Veamos dónde más podemos encontrar la energía química en nuestra vida cotidiana.

El primer ejemplo y principal de las reacciones químicas en nuestra vida cotidiana es el metabolismo, que, por definición, es el conjunto de reacciones químicas que efectúan las células de los seres vivos con el fin de sintetizar o degradar sustancias. Nosotros lo hacemos en el proceso de digestión de los alimentos, pero las plantas, por ejemplo, lo hacen de otra manera con la fotosíntesis. El objetivo siempre es obtener energía para vivir. Tan simple, pero, a la vez, importante como esto. Las reacciones químicas lo hacen posible porque cuando los nutrientes que comemos se descomponen, liberan energía que mantiene las funciones vitales del cuerpo y el funcionamiento celular. No hay que olvidar que todas, absolutamente todas las partes de nuestro cuerpo, necesitan energía para funcionar, sean los músculos, los pulmones, el cerebro, etc. A veces caemos en el error de pensar que solo necesitamos la energía para movernos; tumbados en el sofá también necesitamos energía. E incluso durmiendo.

El aparato digestivo trocea y descompone los alimentos en moléculas pequeñas. Estas son absorbidas por el intestino delgado y entran en el torrente sanguíneo. El objetivo de las reacciones químicas en nuestro cuerpo es descomponer los nutrientes y liberar la energía en forma de ATP, o trifosfato de adenosina (no confundir con la ATP, la Asociación de Tenistas Profesionales),[4] la principal molécula portadora de energía en las células del cuerpo humano. Esta almacena y libera la energía, y permite que las células realicen sus funciones.

Los alimentos están compuestos principalmente de carbohidratos (vitales porque se transforman en glucosa, la fuente más importante de energía para el cuerpo), proteínas, grasas, minerales, vitaminas y agua, en una proporción que cambia dependiendo de la calidad de estos. La energía la obtenemos principalmente de los carbohidratos, las grasas y las proteínas, que se descomponen dentro de nuestro cuerpo y dan energía a las células.

El cuerpo humano y las calorías

Y si estamos hablando de comida y energía, tenemos que mencionar, cómo no, con qué unidad valoramos esta energía. Llegan las famosas calorías. La caloría es la unidad que indica la cantidad de energía que un alimento aporta al cuerpo. No es lo mismo comer 100 gramos de arroz, 100 gramos de ternera o 100 gramos de pasta integral. Pero ¿cuánto es exactamente una caloría? ¿Qué representa? Una caloría, en física, es la cantidad de energía que se necesita para calentar un gramo de agua en 1 °C. Es decir, si a un gramo de agua le suministramos una caloría, su temperatura aumentará un grado.

La próxima vez que vayas al supermercado, mira los envases de un producto y consulta las propiedades nutricionales recordando esta página del libro. Todo está escrito en kcal. El *kcal* que encontramos en los productos alimenticios equivale a una *kilocaloría*, que son 1.000 calorías. Pero aquí no hay que caer en la trampa en la que muchos caen. 1 kilocaloría, es el equivalente a 1 Caloría, con c mayúscula. Parece no tener sentido, lo sé, pero en el mundo de la nutrición 1 kcal = 1 Cal.

Y espera, porque en la información del valor nutricional también hay otra unidad al lado de las kcal: los kJ, o kilojulios. En la que 1 kcal = 4,184 kJ. Una complicación más para un mundo que, si algo necesita, es que tengamos las cosas claras.

A la hora de consumir calorías también es importante saber el tipo de actividad que realizamos y cuál es nuestro objetivo: si adelgazar, fibrar, mantener peso, ganar peso o aumentar músculo, entre otros. Si una persona de 70 kg juega al billar durante 60 minutos, consumirá 175 kcal;[5] si lo hace al fútbol, serán 630 kcal y si realiza ciclismo a nivel competitivo, podrían ser hasta 1.120 kcal. Hay una gran variedad de consumo dependiendo del deporte que practiquemos.

Otra reacción química de nuestro cuerpo es la respiración celular. Cuando el ser humano absorbe aire a través de los pulmones, el oxígeno inhalado pasa a la sangre. Posteriormente, en las células del cuerpo, se produce una reacción química en la que la glucosa y el oxígeno se transforman en dióxido de carbono y agua; el dióxido de carbono producido se transporta por la sangre y se elimina al exhalar. Esta es la reacción química que necesitan las células para obtener energía, y de esta manera los seres vivos podemos realizar todas nuestras funciones. Sin energía, las células empezarían a morir, y con ellas, nosotros.

Los combustibles fósiles

Abandonemos por ahora nuestro cuerpo y saltemos a buscar la energía química en otro lugar. En este caso, la que usamos a diario, sea para ir a estudiar o al trabajo: los derivados del petróleo como el diésel y la gasolina de los coches o el queroseno de los aviones. Todos contienen una gran cantidad de energía química que podemos usar bajo demanda y liberarla si sometemos estos productos a una combustión, momento a partir del cual se transforma en energía mecánica y cinética para mover el sistema de transporte. Al tratarse de una combustión, recordemos que la liberación de energía es violenta y tiene que llevarse a cabo bajo ciertas condiciones de seguridad y contando con sistemas de refrigeración efectivos.

Antes de adentrarnos en los medios de transporte, vamos a profundizar en los combustibles fósiles. A veces hay cierta confusión sobre qué es y qué no es un combustible fósil, o gente que lo reduce todo a petróleo. En realidad, los combustibles fósiles son principalmente tres: el carbón, el petróleo y el gas natural. Estos se formaron a partir de la descomposición de plantas y animales que vivieron en la Tierra hace millones de años. Durante estos millones de años, estos restos han estado sometidos a una enorme presión y a altas temperaturas, enterrados, sin oxígeno y sufriendo grandes transformaciones como la descomposición química. Bajo esas condiciones, han podido acabar formando el carbón. O bien, si eran restos marinos, petróleo o gas.

El carbón fue el primer combustible fósil que se usó para generar energía a través de la combustión. Se forma a partir de la descomposición de plantas y árboles en zonas pantanosas, pobres en oxígeno y sin contacto con el aire, mediante un proceso denominado carbonización. Tras millones de años de presión y altas temperaturas, estos sedimentos acabaron formando el carbón, que fue clave en la Revolución Industrial en el siglo XVIII y en la economía por su explotación.

El petróleo es otro combustible fósil que encontramos en las profundidades de la Tierra. Se ha formado por la descomposición de restos de plantas y animales que, en este caso, quedaron depositados en el fondo del mar, enterrados cada vez más tras el paso de los miles de años y sometidos a un proceso de transformación química por la presión, la alta temperatura y la falta de oxígeno. Es posible encontrar petróleo a kilómetros de profundidad. Se llama *crudo* cuando el petróleo no ha sido refinado, es decir, cuando no ha pasado un proceso industrial para convertirlo en derivados del petróleo, como serían la gasolina, el queroseno o los plásticos, por ejemplo.

El gas natural es un combustible fósil más moderno en cuanto a su uso. Se trata de la alternativa más reciente, eficiente y limpia dentro de los combustibles fósiles, y tiene un uso tanto industrial como doméstico. Se formó también por la degradación de la materia orgánica y puede encontrarse encima de yacimientos petrolíferos o en reservas independientes, pues es menos denso que el petróleo y, al poder moverse entre las rocas, asciende desde las profundidades.

Es un proceso muy largo hasta llegar a generar estos productos que han tenido un papel clave en la evolución del ser humano desde el punto de vista tecnológico y que no solo se utilizan para el transporte. También para generar electricidad o para crear materiales que ahora mismo seguro que tú estás usando, como, por ejemplo, tus zapatillas, partes de tu teléfono móvil o la botella de agua que tienes en la nevera.

Los combustibles fósiles son tan efectivos a la hora de aprovechar su energía química básicamente por dos motivos. Primero, porque tienen una alta densidad energética, es decir, ofrecen muchísima energía por unidad de masa, lo que los convierte en muy eficientes (aunque no hay que olvidar que están lejos de la eficiencia del combustible atómico). Y el otro, relacionado con el primero, es que los combustibles fósiles tienen una reacción exotérmica muy grande cuando el carbono y el hidrógeno del combustible reaccionan con el oxígeno del aire. Una reacción exotérmica es aquella que libera energía en forma de calor (y también dióxido de carbono y agua), que en los combustibles aprovechamos para generar energía mecánica, mover motores y turbinas, y generar electricidad.

El uso de los combustibles fósiles para generar energía tiene muchas ventajas, así como inconvenientes.

Entre sus ventajas contamos con que los combustibles fósiles son muy abundantes, aunque no infinitos: de momento quedan grandes reservas, pero tarde o temprano se van a acabar. También son relativamente baratos y de fácil accesibilidad; ya conocemos sus yacimientos y los hemos optimizado. Y podemos acceder a ellos de manera constante, algo que nos permite extraerlos de forma continua sin depender de otros factores (recordemos que la energía eólica, por ejemplo, depende del viento, que es variable). Su almacenamiento y transporte también son baratos, y la tecnología implicada es madura, lo que quiere decir que está bien desarrollada, optimizada y es fiable. Y, por último, son muy eficientes para la producción de energía. Solo cabe recordar lo que hemos aprendido sobre las centrales térmicas, que convierten la energía química de los combustibles fósiles en energía eléctrica a través de la combustión de carbón, petróleo y gas.

No obstante, también tienen graves inconvenientes. El uso de combustibles fósiles contamina el ambiente: son responsables del 80% de las emisiones de dióxido de carbono,[6] así que son los principales causantes del efecto invernadero y del cambio climático, lo que tiene efectos adversos sobre la salud de las personas. Su extracción tiene un gran impacto en la zona, y no solo visual, pues afecta tanto a la flora como a la fauna y ha provocado —y puede provocar— graves desastres ambientales como los vertidos de petróleo en el mar. Tampoco podemos olvidar el aspecto político, ya que hay países que dependen de importaciones, y el petróleo, por ejemplo, es un arma económica y política; y que no son renovables.

La larga lista de inconvenientes hace que los combustibles fósiles no sean la mejor opción energética para el futuro por su enorme impacto. Si nos preguntamos por qué los seguimos usando si son tan malos, la respuesta tiene que ver con la economía: las infraestructuras ya están montadas y su transporte es fácil; además, los países ingresan una cantidad muy grande de impuestos por su venta. En el caso de los carburantes para nuestros vehículos, por ejemplo, los impuestos llegan hasta el 40%.[7]

Así que parece que seguiremos tirando de los combustibles fósiles hasta que los Estados decidan priorizar los seres vivos y el planeta y, teniendo en cuenta el grave efecto que tiene su uso, se pongan de acuerdo para desestimarlos. O hasta que se acaben las reservas. Aunque no parece que esto vaya a pasar a corto plazo, pues se siguen descubriendo nuevos yacimientos a pesar de que las estimaciones actuales auguran que nos quedan solo cincuenta años más de reservas (y se quedan cortas).[8]

La fotosíntesis

Vamos a dejar de lado por ahora los combustibles fósiles, pero no del todo. Hay un tipo de reacción química que todos hemos estudiado en el colegio y que también está relacionada con los seres vivos. Esta reacción es la fotosíntesis. Sin ella, la vida en el planeta (y quién sabe si en otro planeta del universo) no sería posible. Recuerdo esos dibujos que hacíamos en nuestras libretas con los colores en los que representábamos el Sol, cómo impactaban sus rayos en las hojas, y escribíamos alguna fórmula sencilla a través de la cual las plantas obtenían su energía. Pues bien, vamos a refrescar un poco nuestra memoria y, ahora que sabemos un poco más sobre las reacciones químicas, nos será más fácil entenderla.

La fotosíntesis es una reacción química en la que la luz solar se transforma en energía química en forma de azúcares. En este proceso, que tiene lugar en el interior de la planta, el dióxido de carbono (CO_2), el agua y la luz solar acaban formando glucosa y oxígeno (O_2). Es decir, la planta convierte materia inorgánica en materia orgánica gracias a la energía solar. Muchas personas denominan el proceso anterior «la respiración de las plantas».

Nuestro mayor beneficio es que absorbe dióxido de carbono y libera oxígeno. Esto quiere decir que la fotosíntesis es la responsable de la producción de prácticamente toda la materia orgánica de nuestro planeta, por si alguna vez dudas sobre la importancia de la fotosíntesis en la Tierra.

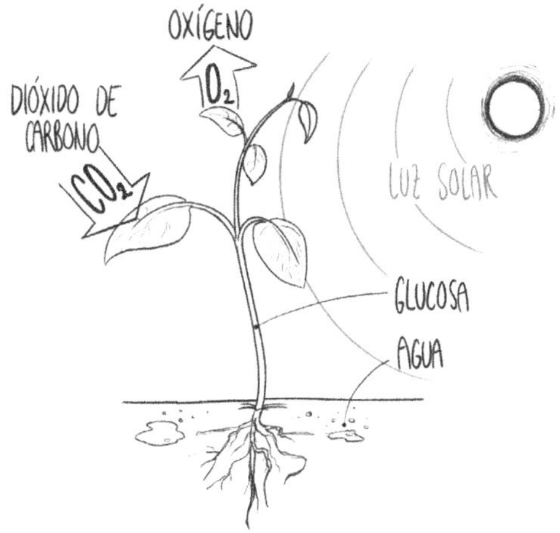

Figura 35. La fotosíntesis de una planta

Las baterías

Durante un rato, vamos a abandonar el mundo de los seres vivos para adentrarnos en otro que a mí me apasiona.

Mi padre era mecánico. Tenía un taller de coches en un barrio obrero de L'Hospitalet de Llobregat, en Barcelona, al que siempre me gustaba ir a mirar, tocar, oler y ensuciarme. Yo nunca he sido una persona muy habladora, pero me fijo mucho en las cosas; todo lo que había en ese taller me atrapaba, desde el olor de los disolventes al ruido que hacían los compresores, el momento de pasar la pulidora por la carrocería recién pintada, lo bien que encajaban las piezas nuevas de los coches después de haber tenido una gran reparación, etc. Incluso se me quedó grabada la sintonía de la radio que tenían de fondo cuando anunciaba los boletines informativos: la Cadena SER.

Mi padre no tuvo la suerte de tener unos buenos estudios —frase que repetía constantemente—, pero sí era muy ordenado y escrupuloso a la hora de explicarme el funcionamiento de las cosas y sus peligros. Y en un taller mecánico, incluso hace muchos años, era importante que el material peligroso estuviera en un lugar protegido. En uno de esos rincones protegidos se guardaban las baterías.

De pequeño, yo ya creía entenderlo todo: el funcionamiento de las piezas, el motor de combustión, el proceso de pintura, de secado... todo, absolutamente todo. Pero nunca llegué a comprender cómo era posible que una caja de plástico llena de ácido y metal fuera capaz de producir electricidad. Yo sabía qué elementos tenía una batería, qué producía y los peligros que entrañaba, pero no pude asimilar (ni mi padre explicarme) qué demonios sucedía ahí dentro para que se generara electricidad como por arte de magia. Aún hoy en día, si nos quedamos sin batería, estamos muertos y tenemos que llamar al trabajo para avisar de que llegamos tarde. De hecho, quedarse sin batería en cualquier dispositivo, especialmente en el móvil, nos da un buen dolor de cabeza, porque tenemos casi toda nuestra vida ahí metida: las tarjetas de embarque cuando vamos a coger un avión, nuestras cuentas bancarias, la comunicación con los familiares que viven lejos y no tan lejos, nuestra agenda, etc.

La función de las baterías es la de almacenar energía química para, cuando nosotros lo deseemos, convertirla en electricidad. En su interior, hay ácidos y metales que, mediante reacciones químicas, producen corriente eléctrica. Esta forma de generación de energía no es infinita, y la batería, tarde o temprano, se acaba agotando. Se puede recargar, pero las recargas también son limitadas.

En cuanto a las baterías de los coches, su funcionamiento es relativamente sencillo de entender y extrapolable al resto de las baterías que usamos día a día. Están formadas por una disolución de ácido sulfúrico (H_2SO_4) y agua (H_2O) y placas de plomo (Pb). El ácido sulfúrico es muy corrosivo y puede causar graves quemaduras en la piel. Además, sus vapores son tóxicos y pueden irritar los ojos y las vías respiratorias (motivos por los cuales mi padre las tenía bien guardadas en un lugar seguro). Dicho ácido reacciona con las placas de plomo y libera electrones. Esto provoca una diferencia de potencial que genera corriente eléctrica. Pero solo con este proceso una batería se agotaría rápido. Por eso, cuando vamos en marcha, el alternador —una pieza clave del coche— convierte la energía mecánica del motor en energía eléctrica para cargar la batería de nuevo. Y la batería vuelve a convertir esta energía eléctrica en energía química. De esta manera, la batería se recarga constantemente y solo se tiene que cambiar cuando pierde esta capacidad de recarga, algo que sucede a partir de los cuatro o cinco años.

¿Y para qué sirve la batería de los coches? En primer lugar, cuando el vehículo está sin arrancar, la batería permite alimentar los sistemas que requieren electricidad, como la radio o las luces.

Luego tiene un cometido muy importante en el arranque del coche: cuando giramos la llave en el contacto, la batería suministra la electricidad que hace que el motor de arranque empiece a girar. Este hace girar a su vez parte del motor del

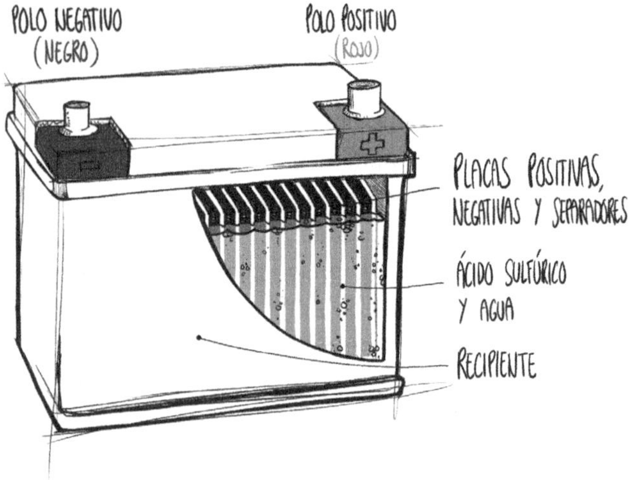

Figura 36. Esquema de una batería de coche

coche y los pistones, logrando arrancarlo. Podemos estar un rato consumiendo la batería si el coche está apagado, porque al arrancar el motor, el alternador se encarga de devolver a la batería la carga que ha perdido. Pero si alguna vez nos olvidamos de apagar alguna luz (los coches modernos ya te avisan si sucede), al día siguiente nos habremos quedado sin batería; y si nos quedamos sin batería, no podemos ni encender las luces ni arrancar el coche.

La pirotecnia

Vamos a seguir hablando de la combustión, y ahora le toca el turno a otro de los temas que me apasiona desde pequeño: los fuegos artificiales. Cada verano, hago todo lo posible para ver los espectáculos pirotécnicos que hay en las fiestas de los pueblos. Incluso he ido a concursos en los que varias pirotecnias compiten para ser las ganadoras. De pequeño, me fascinaba el tremendo estruendo que hacen con sus grandes explosiones, pero van pasando los años, uno madura y se da cuenta de que el ruido es perjudicial para muchos animales. Por eso, uno de los cohetes que más me gusta, incluso hoy en día, son las palmeras: no tienen una gran detonación y lo mejor de todo es su color dorado. Me encanta que tanto el tronco como las ramas de las palmeras se queden en el aire durante unos segundos. El resto de los cohetes son más efímeros.

La pirotecnia tiene su origen en China en el siglo IX.[9] Su objetivo no era el de celebrar fiestas tradicionales, sino algo mucho más serio: ahuyentar a los espíritus en las ceremonias religiosas. Aunque con el paso del tiempo sí que empezaron a usar la pirotecnia para celebraciones. Sobre el año 1200 ya hay registros del uso de los cohetes en Europa, donde se perfeccionó la pirotecnia china con el uso del color.

Si estamos hablando de cohetes artificiales, es que la energía química está involucrada de alguna manera. ¿Cuál? Veamos primero de qué está formado un cohete pirotécnico. Su principal componente es la pólvora, que no es un producto que se encuentre en estado natural, sino que está compuesto de nitrato de potasio en un 75 % (KNO_3), carbón en un 15 % (C) y azufre (S) en un 10 %.[10] Actualmente su composición se ha mejorado con componentes como la nitroglicerina ($C_3H_5N_3O_9$) o el clorato de potasio ($KClO_3$).[11] La pólvora, desgraciadamente, tiene muchos usos militares, pero es la pirotecnia la que lo desencadenó todo. Cuando el fuego de la mecha entra en contacto con la pólvora, se produce una combustión rápida dentro de un recipiente cerrado, dando lugar a la explosión. Aquí es, de hecho, donde encontramos la energía química: en la combustión necesaria para que se dé la luz, el sonido y también al calor generado.

DATO CURIOSO

¿Sabías que el color de los fuegos artificiales depende del mineral que se quema?

Hemos detallado cómo un cohete logra hacer la combustión y la posterior explosión gracias a la pólvora. Su alta energía química produce una reacción explosiva al entrar en contacto con el fuego. Pero esto solo justifica el impresionante ruido que hace al explotar y el color anaranjado producto de cualquier explosión. Los cohetes que no tienen color, es decir, que solo producen una detonación, son los que anuncian que un evento que está a punto de comenzar, como un espectáculo pirotécnico, o los que forman parte de la traca final. También los encontramos en otro tipo de espectáculos, como una *mascletá*, o el recibimiento de los Reyes Magos, por ejemplo.

La mayoría de los cohetes no solo tienen pólvora en su interior. También se añaden sales de elementos químicos que en la combustión emiten un color que perdura durante unos segundos en el aire.

La conocida pirotecnia Hermanos Caballer, de Castellón, tiene publicados en su página web los materiales con los que genera cada uno de los colores. Las sales de estroncio (Sr) son las responsables del color rojo;[11] las de calcio (Ca) producen el color naranja; las de sodio (Na), el color amarillo; las de bario (Ba) generan el color verde, y el cobre (Cu) forma el color el azul. Un combinado de compuesto de cobre (Cu) y estroncio (Sr) crea el color morado, y el aluminio (Al) y el magnesio (Mg), el color plateado. El magnesio (Mg), por sí solo, genera el color blanco. Pero, sin duda, uno de los más bonitos es el que genera la mezcla de titanio (Ti) y aluminio (Al): las famosas chispas.

Así que, cuando contemples un espectáculo pirotécnico, recuerda que lo que estás viendo son reacciones químicas violentas que producen luz y sonido. Como decía mi querido profesor de la universidad: «Todo lo que nos rodea y nos forma es química, también el amigo que no nos cae bien». Si me hubiera cambiado de carrera, te hubiera podido citar más frases antológicas como esta.

Existen básicamente dos tipos de cohete. Por un lado, tenemos los de caña, que, como su nombre indica, tienen una larga caña de madera muy ligera en cuya punta se coloca el petardo con la mecha. La caña ayuda a que el cohete vaya en línea recta hacia el cielo. Acostumbran a ser pequeños, por eso son los que se venden al público para la verbena de San Juan. Después están los más grandes, los de estilo mortero. Se denominan así porque se parecen a un mortero militar. Una gran bola, llamada carcasa, de cartón grueso, con todo el material pirotécnico en el interior, se introduce dentro de un tubo resistente hecho también de cartón grueso, fibra de vidrio o plástico reforzado. Al encender la mecha que sobresale de la carcasa, sale del tubo como un proyectil hacia el cielo.

Los cohetes espaciales

Ahora que estamos aquí, no podemos dejar de mirar al cielo y hablar de uno de los sectores que más ha evolucionado estos últimos años: los cohetes espaciales. Estamos en 2026 y varias empresas, tanto públicas como privadas, están encarnizadas en una lucha para conquistar el espacio con cohetes más eficientes, baratos y seguros.

Los cohetes espaciales deben tener un sistema de propulsión muy potente para poder librarse de la gravedad terrestre y poner en órbita satélites; también para mandar sondas a la Luna y más allá. Para ello se usa una reacción química: nuestra conocida combustión. Pero no se trata de una combustión más, esta tiene que generar mucha energía y empuje. Hay varios combustibles que pueden hacerlo. Vamos a ver los dos más comunes que han usado los cohetes más conocidos.

Los famosos cohetes STS (Space Transportation System) con tanques blancos y uno naranja que empujaban a los

DATO CURIOSO

La carrera espacial del siglo XX

Lo que está ocurriendo ahora nos recuerda a la famosa carrera espacial entre la Unión Soviética y Estados Unidos. Entre 1955 y 1988, ambos países lucharon por la conquista del espacio mandando cohetes, satélites y a los primeros humanos al espacio. Esta lucha para ser los primeros provocó un avance en la tecnología como nunca antes se había visto, hasta que, el 12 de abril de 1961, realmente comenzó una nueva era con el primer ser humano en viajar al espacio: Yuri Gagarin, un cosmonauta soviético. (Es curioso porque los rusos no llamaban «astronautas» a sus hombres en el espacio, sino «cosmonautas», que tiene origen griego y significa *navegante del cosmos*. Me parece una palabra muy bonita).

Ha llovido mucho desde entonces y durante bastantes años el desarrollo de cohetes espaciales parecía que había pisado el freno. La NASA incluso recortó presupuesto y puso fin a los famosos transbordadores espaciales. Pero estos últimos años parece que ha vuelto el interés por el espacio, sondas de varios programas espaciales han pisado de nuevo la Luna y países como la India están desarrollando nueva tecnología y experimentando con nuevos cohetes. Y no podemos dejar de mencionar la figura del gurú de la tecnología Elon Musk, de los únicos que ha conseguido acaparar titulares con su nueva forma de lanzar cohetes y reciclarlos con aterrizajes controlados, o la creación del cohete más grande y potente del mundo: el Starship.

transbordadores espaciales (Columbia, Challenger, Discovery, Atlantis y Endeavour) utilizaban motores de hidrógeno y oxígeno líquidos, también denominado *hidrolox*. Lo curioso de este sistema es que su huella ambiental era muy baja, ya que solo generaba vapor de agua, siendo más sostenible que el resto de los sistemas.

Otra cosa son los cohetes impulsados por queroseno y oxígeno líquido, el *kerolox*. Gracias a su mayor densidad, tienen un mejor empuje; por contrapartida, son mucho más contaminantes.[13] Es el tipo de combustible que utiliza principalmente Space X con sus cohetes *Falcon 9* y *Heavy*.

Fluorescencia, fosforescencia y bioluminiscencia

No quería terminar sin tocar otro tema que siempre me ha despertado gran interés y curiosidad: la fluorescencia. Más de una vez he pensado en qué pasaría si nuestro cuerpo pudiese generar luz. Me hubiera ido muy bien para ir al baño de noche y hacer pis a oscuras. De pequeño intenté más de una vez mirar fijamente la punta del dedo índice de la mano derecha, concentrarme y hacer fuerza mental..., pero no, no había manera. No se iluminaba. En este caso hablamos de bioluminiscencia, que es la de los animales que son capaces de crear luz, pero empecemos por la fluorescencia. Esta no está relacionada directamente con la energía química, pero nos va a permitir dar el paso a la bioluminiscencia.

¿Qué es la fluorescencia? No pienses ahora en los rotuladores fluorescentes, porque en realidad, de eso no tienen nada. Tienen colores chillones y luminosos, pero no son fluorescentes: cuando apagamos la luz de la habitación, los apuntes subrayados no brillan. La fluorescencia es un fenómeno de luminiscencia en el que un material emite luz visible en la oscuridad al absorber luz que, generalmente, suele ser ultravioleta. En el momento en el que la luz ultravioleta (UV) incide en el material, se excitan los electrones de este y emite luz, pero, cuando deja de incidir la luz ultravioleta, estos electrones siguen excitados y tienen que volver a su estado original bajando su nivel de energía. Como hemos visto, cuando hay pérdidas de energía, la sobrante suele liberarse en forma de luz. El brillo se apaga de forma casi instantánea.

No debemos confundir la fluorescencia con la fosforescencia. En la primera, la emisión de luz desaparece casi en el momento en el que la luz ultravioleta deja de incidir. En la fosforescencia, en cambio, la emisión de luz puede durar más tiempo, incluso minutos, después de dejar de incidir la luz ultravioleta. Un ejemplo de fluorescencia serían algunas telas que brillan bajo la luz de las discotecas mientras que un ejemplo de fosforescencia serían algunos reflejantes de mochilas o material de ciclistas y motoristas, que aguantan mucho tiempo iluminados. También las señales de «salida de emergencia», que están diseñadas para iluminarse cuando se va la luz.

Pero pasemos a lo interesante: la bioluminiscencia, que es la de los seres vivos que pueden emitir luz. Aquí ya entra en juego la energía química. El primero que nos viene a la cabeza es la luciérnaga. También tenemos medusas, hongos, peces que viven en grandes profundidades, el plancton, etc. Es realmente asombroso cómo es capaz un ser vivo de generar luz, con lo que le ha costado al ser humano inventar la electricidad y generarla con bombillas. Pero la respuesta está en una molécula llamada luciferina, que es propia de estos organismos. Este nombre nos recuerda a algo... Efectivamente, a Lucifer, el portador de luz.[14] Las moléculas de luciferina tienen almacenada energía química y, cuando reaccionan con oxígeno en presencia de la enzima luciferasa, liberan la energía en forma de luz.[15] Otro claro ejemplo de cómo la energía química puede transformarse en energía luminosa. Además, los seres vivos que tienen esta propiedad la utilizan a su antojo; las luciérnagas lo suelen hacer para reproducirse o para ahuyentar a depredadores, por ejemplo. Pensándolo mejor, no sé si el ser humano le daría un uso razonable si fuera capaz de generar luz...

Y hasta aquí el capítulo de la energía química. Recuerda que todo lo que te rodea la contiene. El papel que tienes delante, por ejemplo. Si lo quemas, la liberarás. Pero no lo hagas, que te queda mucho aún por descubrir.

Capítulo 7

La energía eléctrica

En este capítulo vamos a ver algo que marcó un antes y un después en la vida del ser humano en la Tierra: el descubrimiento de la electricidad. Este avance nos hizo dar un paso de gigante y hoy en día se nos hace difícil imaginar cómo sería nuestro mundo sin ella. Su uso nos ha llevado, y nos llevará, hacia caminos insospechados por el papel que desempeña en todas las tecnologías y los avances que están por venir.

La energía eléctrica es la que se obtiene por la diferencia de potencial eléctrico entre dos puntos. Esto provoca que los electrones se muevan, generando corriente eléctrica cuando están unidos por un conductor. Así que, resumiendo: la energía eléctrica es la energía que resulta del movimiento ordenado de los electrones a lo largo de un conductor eléctrico entre dos puntos con una diferencia de potencial.

La energía eléctrica es muy eficiente, lo que quiere decir que se pierde poca energía en los sistemas eléctricos modernos. Producir esta energía es fácil, ya sea a partir de la quema de combustibles fósiles, en centrales de generación de energía o con las renovables, como la eólica o la solar. Además, es manejable y fácil de transportar a tantos kilómetros como queramos a través de la red eléctrica. Y muy versátil: se puede transformar, lo que es de gran importancia porque no podemos usar la misma energía eléctrica para arrancar un motor que para iluminar una pequeña bombilla. No podemos olvidar tampoco que la energía eléctrica se puede almacenar para ser utilizada a nuestro antojo cuando queramos, de manera muy segura, ya que tras el paso de tantos años, sabemos controlarla y regularla. También es una energía fácil de conseguir: todos en casa tenemos enchufes en los que contamos con ella. Todo esto hace que la energía eléctrica sea aparentemente maravillosa, pero a lo largo de estas páginas también veremos que no todo es tan bonito como parece.

Antes de adentrarnos de lleno en las cuestiones prácticas de la electricidad, vamos a hacer un pequeño recorrido histórico de cuándo se descubrió, porque nos dejará a todos sorprendidos. Algunos textos del Antiguo Egipto del año 2750 a.C. ya hablan de fenómenos eléctricos de algunos peces del Nilo que, al tocarlos, producían descargas,[1] pero no fue hasta 1646 cuando aparece por primera vez la palabra *eléctrico* o *electricidad*, en un texto del escritor Thomas Browne. En 1865 se formularon las «ecuaciones de Maxwell», que describen los fenómenos electromagnéticos, y este momento es el que se considera el origen de la electricidad. A finales del siglo XIX llegó la iluminación a las calles y fue clave en la Segunda Revolución Industrial, y desde entonces no hemos parado de evolucionar en la forma de producir y consumir la electricidad, lo que nos ha brindado un gran abanico de oportunidades.

Es difícil imaginar un mundo sin electricidad. Si haces un repaso de tu día a día, te darás cuenta de cuántas veces la utilizas. Para empezar, sin electricidad, llegarías tarde al trabajo porque no tendrías despertador, y, sin trabajo, no podrías haberte comprado este libro. O, bueno, tampoco se habría podido imprimir o no podrías cargar la batería del lector de libros que estás sujetando.

CÓMO SE GENERA LA ELECTRICIDAD

La clave de todo en la electricidad está en cómo la generamos. El resto del proceso, como el almacenamiento y el transporte, está muy bien estudiado desde hace décadas. Así que todos los esfuerzos ahora se centran en generarla con el mínimo coste posible, la máxima eficiencia y de la forma más limpia. Vamos a repasar las dos maneras principales de generación de energía eléctrica: a partir de renovables y a partir de no renovables.

Empecemos por la parte, quizá, menos amable de la energía eléctrica: la generación a partir de fuentes no renovables. Nos referimos, evidentemente, a la quema de combustibles fósiles como el petróleo, el carbón o el gas natural. Aunque se están intentando reducir al máximo los gases resultantes, siguen siendo contaminantes y los recursos son limitados. Recordemos: la quema de estos elementos se realiza en plantas o centrales y, de la combustión, se generan calor y vapor de agua que producen energía mecánica y hacen girar turbinas que mueven un generador eléctrico. En casos en los que la generación de energía a través de otros métodos falla o no es suficiente, o en caso de un gran apagón general (como ya ha sucedido), este tipo de centrales son rápidas y efectivas para subsanar la pérdida de suministro.

La otra forma de generar energía eléctrica a partir de no renovables es mediante el uso de los combustibles nucleares, a través de la fisión nuclear. Recordemos que el uranio (U) suele ser el combustible nuclear más habitual y consigue la liberación de una gran cantidad de energía,[2] pero resurge el eterno dilema de los residuos radiactivos, que tardan miles de años en desaparecer y requieren un almacenaje muy seguro.

Existe una forma mucho más respetuosa con el medio ambiente de generar energía eléctrica: a través de las fuentes renovables. El ser humano ha sido capaz de ingeniárselas para producir electricidad con algo que aparentemente no debería darla: el Sol, el agua o el viento, que, además, son fuentes prácticamente inagotables.

Pero también hay una parte negativa: en el caso de los aerogeneradores, por ejemplo, tienen un impacto ambiental muy significativo, tanto desde el punto de vista visual como el peligro que entrañan para las aves. Lo mismo con las centrales hidroeléctricas, que alteran el curso de los ríos y afectan al transporte natural de sedimentos.

Estas instalaciones también requieren grandes superficies de terreno, algo que solo se puede conseguir en parajes naturales. Tampoco podemos olvidar que en el proceso de fabricación de las instalaciones se requiere de materiales contaminantes, aparte de la gran inversión económica que implican y que muchas veces frenan su construcción. Dicho esto, hay que decir que, evidentemente, es mucho mejor producir la energía eléctrica a través de las renovables que a través de las no renovables. La diferencia es abismal.

¿Y de qué maneras generamos la energía a través de las renovables?

Con los aerogeneradores conseguimos energía eólica, en los que se transforma la energía cinética del viento en la energía mecánica de las palas de los molinos, y esta, en electricidad gracias a los generadores que hay en su interior.

También tenemos la energía solar fotovoltaica, es decir, las placas solares, que, cuando reciben la radiación del Sol, provocan la excitación de los electrones, lo que crea un flujo eléctrico. Estas placas generan una corriente que puede utilizarse directamente en la instalación eléctrica de casa, almacenarse en baterías o venderse.

Otra de las formas de producción de energía eléctrica a través de renovables es con la energía hidroeléctrica, una de las más antiguas y eficientes, ya que es constante porque el agua de los ríos suele bajar, más o menos siempre, con el mismo nivel. En este caso lo que se aprovecha es la energía cinética del agua para mover las turbinas.

Entre todas las energías renovables con las que contamos existen también:

- La energía geotérmica, que genera electricidad a través del calor que tenemos bajo la superficie terrestre.
- La energía maremotérmica, que produce energía por la diferencia de temperatura entre el agua superficial del mar y la profunda.
- La eólica marina, cuyos parques eólicos cuentan con aerogeneradores como los que hay en tierra, pero situados en el mar. A través de cables submarinos, se transporta la electricidad hasta la costa.
- La energía mareomotriz, que genera electricidad gracias a la energía cinética de las mareas.[3]
- Y la energía de las corrientes, que se aprovecha de ellas para producir electricidad.

TIPOS DE ENERGÍA ELÉCTRICA

Vamos a adentrarnos un poco más en cómo es la energía eléctrica y cómo se manifiesta. Básicamente hay tres tipos: la electricidad dinámica, la electricidad estática y la energía electromagnética.[4]

- La electricidad dinámica es la que conocemos todos, la primera que te viene a la cabeza, esa que tienes en tu hogar. Esta implica un movimiento de electrones a través de un circuito cerrado de cables eléctricos.
- La electricidad estática la encontramos cuando hay un exceso de carga eléctrica en materiales no conductores.

- La energía electromagnética es aquella en la que la energía se propaga a través de las ondas.

También podemos clasificar la electricidad según la forma en que se conduce. Por un lado, está la electricidad conducida por electrones, en la que la corriente eléctrica se genera gracias al movimiento de estos a través de un conductor. Es el tipo de electricidad que proporciona energía a los aparatos que utilizamos a diario.

Por otro lado, tenemos la electricidad estática, que vuelve a aparecer en esta clasificación. Veamos qué supone y qué la diferencia de la anterior.

Los objetos suelen ser eléctricamente neutros, es decir, tienen un número equilibrado de protones y de electrones. Su carga eléctrica total es nula. El libro que tienes en tu mano, el mando de la televisión... todo lo que nos rodea suele tener este equilibrio. Pero a veces se produce un desequilibrio de cargas debido, por ejemplo, al rozamiento o al contacto entre materiales, lo que provoca una transferencia o redistribución de electrones y hace que un cuerpo quede cargado eléctricamente. Un ejemplo de esto sería el del coche, cuando nos da un calambrazo al tocar la puerta. Esto suele ser habitual en días en los que hay poca humedad. ¿Por qué? Porque el agua es conductora de electricidad y si la humedad elevada, es decir, si hay mucha agua en el aire, el coche se puede ir descargando. Cuando no sucede, como el único contacto del coche con el suelo es a través de los neumáticos y estos son aislantes, la única manera que tiene de descargarse es a través de nosotros. Lo que no es para nada agradable. Cuando esto ocurre, se puede llegar a escuchar el ruido de la descarga. Y si estás en un aparcamiento a oscuras y acercas la punta del dedo lentamente hacia la puerta, puedes llegar a ver el destello. Esto te lo puedo asegurar porque lo he probado en primera persona.

DATO CURIOSO
La electricidad estática y la previsión del tiempo

Es muy curioso porque la previsión del tiempo desempeña un papel muy importante en la electricidad estática: hay vientos más secos que otros, y esto depende del punto geográfico en el que nos encontremos. Y cuanto más seco sea el viento, más posibilidades hay de que tengamos calambres al tocar objetos. Donde yo vivo, por ejemplo, el viento de levante aporta humedad, pero el viento del norte es frío y seco, y cuando sopla, sé que tendré más posibilidades de que me ocurra al tocar el coche. Yo pienso estas cosas. Soy raro, lo sé, pero mi mente está ocupada en esto y no en problemas que podrían atormentarme. Soy feliz así.

Pero la electricidad estática provoca más problemas de los que imaginamos. En caso de que haya materiales inflamables, una pequeña descarga producida por la electricidad estática puede iniciar un incendio. Esto lo tiene muy en cuenta la industria que trabaja con materiales explosivos e inflamables. En la industria química, por ejemplo, se manipulan disolventes, gases y vapores muy inflamables. En la industria petroquímica, con carburantes y combustibles. Pero también en la farmacéutica o la alimentaria, en sus procesos de fabricación se generan polvos finos que pueden arder con facilidad.

Antiguamente los coches llevaban una tira en la parte trasera que se descolgaba hasta tocar el suelo, la tira antiestática, que actuaba de toma de tierra y no permitía que el coche se cargara electrostáticamente. Hoy en día es más difícil de ver porque estéticamente no queda muy bonito, pero se siguen vendiendo.

La electricidad estática también puede ser divertida, como cuando frotamos un globo con nuestra cabeza, y se carga negativamente y el pelo, positivamente, lo que provoca que, si tenemos el pelo largo, se quede pegado a la superficie del globo. También encontramos electricidad estática cuando nos quitamos un jersey de lana, por eso acabamos con el pelo de punta. Y si escuchamos chasquidos cuando estamos intentando quitárnoslo, son pequeñas descargas.

Piensa en otros momentos en los que te ha dado un calambre. Te habrá pasado en la oficina, por ejemplo, más que en casa. ¿Por qué? Porque las oficinas suelen tener menor humedad ambiental, más ordenadores, más elementos metálicos y moquetas en el suelo. Y quizá una de las cosas más importantes: en la oficina vas calzado y con suela aislante, mientras que en casa solemos ir descalzos, en calcetines o en zapatillas con suela fina. Como el suelo es de moqueta, nos podemos cargar electrostáticamente, pero, al contar con nuestra suela aislante, no nos descargamos. Así que, a la que tocamos un elemento, ¡chas! Calambrazo. Si queremos evitarlo, lo mejor es tocar los elementos con decisión. Por ejemplo, coger la silla con la mano entera; apenas notaremos nada. Pero si ponemos la punta de los dedos en una mesa, una silla, o incluso un compañero, será más fácil que sintamos el dolor.

Volvamos a la electricidad dinámica, en la que existe un flujo constante de electrones a través de un conductor. Es el tipo de electricidad más común que vamos a encontrar y el que tenemos en nuestras casas, y la podemos dividir en dos categorías: la corriente continua (CC) y la corriente alterna (CA).

En la primera, los electrones solo se mueven en una dirección, del polo negativo al positivo, aunque por convención siempre se representa la corriente como si fuera del positivo al negativo (históricamente siempre se representaba la corriente como un flujo que iba del polo positivo al negativo, hasta que se descubrió que los electrones realizaban el reco-

DATO CURIOSO

El origen del nombre del grupo de música AC/DC

En inglés, corriente alterna es AC (*alternating current*) y corriente continua es DC (*direct current*). La banda de música *hard rock* se llama AC/DC porque lo vieron escrito en la máquina de coser de la hermana de uno de ellos, lo que literalmente significaba que esa máquina podía usarse tanto con corriente alterna como con corriente continua. Pero les pareció que esas letras casaban bien con el estilo de música que querían hacer.[5]

rrido contrario). Los aparatos que usan este tipo de corriente son más pequeños y funcionan con baterías: un mando a distancia, un reloj, un teléfono móvil, una linterna... La corriente circula desde la batería hasta el dispositivo y va de vuelta a la batería, creando un circuito cerrado y continuo de electricidad que se mueve siempre en el mismo sentido.

En la corriente alterna, los electrones no van en el mismo sentido, sino que oscilan o vibran en ambos. La ventaja de este movimiento es que la conducción de la electricidad es mucho más eficiente a largas distancias, y por eso es la que se usa en nuestras casas o en la industria.

EL TRANSPORTE DE LA ELECTRICIDAD

La gran pregunta que muchos se hacen es cómo es posible que podamos mandar la electricidad a lo largo de tantos cientos de kilómetros hasta llegar a nuestras casas. Es un trayecto fascinante de conocer y que esconde secretos que a partir de ahora podrás compartir con otras personas (bueno, si te quieres hacer el interesante mientras bebéis unas cervezas con los amigos; déjalo: se reirán de ti y te recordarán toda la vida el día que quisiste hablar de la electricidad con una cerveza en la mano).

La electricidad no la encontramos de forma natural a nuestro alrededor. Aunque algunos animales sean capaces de generarla, son solo algunos privilegiados y no es lo habitual en la naturaleza. La electricidad no nos la regala nadie. Nos la tenemos que fabricar nosotros, y una vez producida, la tenemos que repartir para que todos podamos disfrutar de ella. Así que vamos por pasos.

El primero de todos es generarla, y ya hemos visto varias formas de hacerlo. Una vez que tenemos la energía, no se puede mandar así como así a los hogares y a las fábricas porque se perdería una buena parte por el camino. La clave está en subir la tensión.

La tensión eléctrica es la diferencia de potencial entre dos puntos de un circuito y es la que provoca el movimiento de cargas. Esta se mide en voltios (V). En nuestras casas, por ejemplo, es de 230 V. Con una tensión más elevada —algo que consiguen los transformadores—, garantizamos que la electricidad llegue a una larga distancia sin apenas sufrir pérdidas. Esta electricidad viaja —sí, lo has adivinado— por cables de alta tensión. En tu próximo viaje por carretera fíjate bien, porque los encontrarás; muchos van en paralelo a las carreteras y se cuelgan de torres que también se denominan así: de alta tensión. Estos cables tienen un diámetro considerable y su núcleo está formado por un material conductor que suele ser el aluminio (Al), ya que es ligero, tiene una buena conductividad y es resistente a la corrosión.[6]

En este punto podríamos preguntarnos por qué no ponemos todos esos cables bajo tierra para evitar el impacto visual y el coste de las torres (que no es precisamente bajo). Si todo fuera subterráneo, volveríamos a tener un entorno limpio y no tendríamos que crear cortafuegos en las montañas debajo de donde pasan los cables para evitar los incendios que se producen cada año por algún tipo de incidencia en el transporte de la electricidad. Por ahora, lo vemos en pocos lugares, sobre todo en ciudades. Pero soterrar los cables no es nada sencillo por varios motivos. Primero, porque el aire es aislante y la tierra no. Esto nos obligaría, en caso de colocar los cables bajo tierra, a poner una capa de aislamiento a su alrededor para que no se escape la electricidad, y este aislamiento encarecería el coste. Luego hay que tener en cuenta que los cables subterráneos de alta tensión usan el cobre como material conductor en lugar del aluminio, y el cobre es más caro. Además, en el aire los cables están más ventilados. Esto es importante porque, cuando se conduce corriente eléctrica, siempre se genera calor; bajo tierra sería peligroso. Y, por último, en caso de avería, el acceso es más complicado si están bajo tierra.

Pero la electricidad que llega con alta tensión no puede entrar así a nuestras casas, porque fundiríamos todos los electrodomésticos. Mientras que por los cables de alta tensión viajan 36.000 voltios,[7] por los de baja tensión, que son los que llegan a nuestros hogares, lo hacen 230 V. Primero se tiene que reducir de alta tensión a media tensión. Esto se hace en las *instalaciones de distribución*. Luego, el paso de media tensión a baja tensión se realiza en los centros de transformación que suministran electricidad a los hogares. En estos últimos ya se consigue la tensión correcta para que la electricidad pueda llegar a los hogares de forma segura. Es curioso porque la tensión que llega no es en todo el mundo la misma. En Estados Unidos, por ejemplo, son entre 100 y 127 voltios, mientras que en Europa ronda los 230 V. Si resides en España, es posible que te suene más tener 220 V que 230 V. Así era antiguamente, pero desde 2003 está unificado con la tensión europea, a 230 V.

LA ELECTRICIDAD EN EL HOGAR

Por fin ya tenemos electricidad entrando en casa a través de los contadores y los cuadros eléctricos, y con los diferenciales subidos para que todo tenga servicio. Los diferenciales son dispositivos de seguridad que cortan la corriente eléctrica de forma automática cuando detectan un mal funcionamiento en el interior de las viviendas o una fuga. La electricidad en casa se distribuye por todas las estancias mediante cables ocultos en las paredes principalmente, aunque algunos hogares los tienen en los falsos techos o incluso en el suelo. Antes de seguir, toca hacer una aclaración. Dentro de los cuadros eléctricos no hay solo diferenciales. En realidad, hay interruptores diferenciales e interruptores magnetotérmicos. Los primeros, sirven para proteger a las personas frente a descargas, y los segundos, para proteger los aparatos y las instalaciones. Aun así, en estas páginas utilizaremos el término «diferenciales» de forma genérica para referirnos a los dos.

A nosotros, en la época en la que vivimos, nos parece normal disponer de enchufes en todas las estancias en los que podemos cargar un teléfono móvil, enchufar una lámpara o conectar cualquier tipo de electrodoméstico, pero intenta retroceder en el tiempo e imaginar que la electricidad aún no ha llegado. A veces no somos conscientes de lo afortunados que somos.

Vamos a detenernos unas cuantas páginas a hablar de la electricidad que tenemos dentro de casa y cómo desempeña un papel fundamental en nuestra vida. Primero empecemos por cuestiones prácticas y de seguridad.

Ya hemos hablado de los plomos, en eso de que «saltan». Hace tiempo que fueron sustituidos por los diferenciales, así que supongo que algún día el dicho cambiará, pero lo que ocurre cuando decimos que saltan es que cortan la alimentación eléctrica de un circuito afectado que puede suponer un riesgo para la seguridad de la casa.

Uno de los principales motivos por los que saltan, y el menos peligroso, es el exceso de consumo. A quién no le ha ocurrido alguna vez tener el horno puesto y enchufar un secador, por ejemplo, y que al activarlo... ¡adiós a la luz! (Antes de seguir, solo una curiosidad: decimos que «se va la luz», cuando en realidad, es la electricidad lo que perdemos. Pero la señal más evidente de que la electricidad se ha ido es que se apagan las luces. Seguimos). Cuando saltan, basta con apagar alguno de los aparatos en funcionamiento y volver a subir el diferencial general. O ampliar la potencia con nuestra compañía eléctrica, aunque salga más costoso el recibo.

Los otros motivos por los que saltan son algo más peligrosos (suerte que tenemos los diferenciales para frenar cualquier tipo de desastre) y pueden estar relacionados con un mal funcionamiento de electrodomésticos o del circuito de casa. Por ejemplo, por fugas de corriente en algún lugar del piso como algún cable mal aislado, en contacto con el agua o un electrodoméstico que tiene una avería en su sistema eléctrico. Podemos no saber exactamente qué es, pero, si salta el diferencial, es que algo no va bien. Si nos encontramos con esta situación, lo primero que se recomienda es volver a subir el diferencial principal (si es que salta; si no, como están divididos por zonas, ya sabemos en qué parte de nuestro hogar está el problema).[8] Una vez que lo hemos subido, hay que revisar si todos los aparatos funcionan bien. Si vuelve a saltar, es que alguno falla. Hay que hacer de Sherlock Holmes e ir mirando uno a uno cuál es el que provoca el fallo. Si no somos capaces de solucionarlo, hay que ponerse en contacto con un electricista, que cuenta con herramientas para detectar dónde está el problema. Mejor no intentar solucionarlo nosotros, porque con la electricidad no se juega.

También puede ser que no exista ningún tipo de problema en casa: ni un aparato que funcione mal, ni demasiados electrodomésticos sobrepasando la potencia contratada, ni

DATO CURIOSO

Los mensajes de averías en los aviones

Los pilotos de avión tienen el mismo procedimiento cuando el aparato les informa de una avería. En los manuales se detalla cómo proceder para averiguar de qué se trata la avería y cómo solucionarla, pero siempre queda, como último paso, considerar que es el propio testigo luminoso el que no funciona bien y que la avería no existe. Esto, por fortuna, no pasa en nuestros coches porque son mucho más sencillos y no disponen de la aviónica (la electrónica del avión). Si nuestro coche nos indica una avería, tenemos una avería. Más aún en los coches modernos. En los antiguos, a veces, dando un toque al cuentakilómetros todo quedaba solucionado.

ningún problema en el circuito. Puede ser que simplemente falle el mismo diferencial. Así de simple. Pero para llegar a esta conclusión debemos ser expertos, y la mayoría de nosotros no lo somos.

Si la instalación eléctrica no está en buen estado, si no se ha hecho un mantenimiento en muchos años o tenemos algún aparato electrónico defectuoso, se puede producir un incendio. Lo mismo ocurre si tenemos cargadores que están pelados (algo que cada vez se ve con más frecuencia ya que les damos mucho uso) o si tenemos baterías externas poco fiables. Hoy en día la carga de cualquier aparato electrónico, sea un teléfono móvil, una tableta, un ordenador o un patinete, requiere de atención y no se recomienda marcharse y dejar cosas cargando en casa porque siempre puede pasar algo. En internet y en redes sociales hay un largo abanico de vídeos en los que se observan cámaras de seguridad que han grabado cómo algunos aparatos, sobre todo baterías, empiezan a arder de forma instantánea cuando están enchufados. Y apagar un incendio de una batería, con la cantidad de elementos químicos que la componen, no es nada sencillo.

En cuanto a los peligros de la electricidad en casa, nos hemos dejado el que más miedo da: cuando nos pasa la corriente. Antes, todos nos arreglábamos las averías en nuestro hogar y nadie dudaba en desmontar un enchufe, colocar una lámpara nueva en el techo del salón o instalar una toma de corriente donde hemos puesto un espejo con luz. Por suerte, hoy en día casi todo el mundo conoce el riesgo que esto conlleva y que llamar a un electricista para que nos ayude tampoco nos va a arruinar. Aun así, hay algún accidente de vez en cuando. Esto sucede por una propiedad de nuestro cuerpo: que es conductor de la electricidad. Así que, siempre que vayamos a tocar algo del sistema eléctrico en casa, lo mejor es bajar los diferenciales y utilizar herramientas adecuadas sin tocar directamente los cables. Lo más recomendable, siempre, es usar guantes. Pero como a veces los accidentes pasan, hay una última barrera de seguridad. Si nos pasa la corriente de forma accidental, hoy en día los diferenciales modernos saltan y, a pesar de darnos un buen calambrazo por los 230 voltios que recorren nuestro cuerpo, al menos dura solo un instante. El cuerpo humano está capacitado para soportar este voltaje durante unas décimas de segundo, pero depende mucho de nuestro cuerpo y del estado de salud. También de si vamos descalzos o no: si vamos descalzos, la electricidad pasará más fácilmente a través de nosotros que si llevamos una suela aislante de plástico.

El principal problema al que podemos enfrentarnos si nos pasa la corriente es que nos quedemos enganchados, el diferencial no salte y no pare de circular la electricidad a través nuestro (posiblemente también hayas visto algún vídeo alguna vez en internet o en redes sociales). Si estamos solos, poco podremos hacer porque quedaremos inmóviles; pero si vemos que le sucede a alguien, lo primero que debemos hacer es bajar el diferencial, y después auxiliarlo. Si no sabemos dónde está, con la ayuda de un material aislante (una camiseta o un palo de madera, por ejemplo), debemos separar a esa persona de lo que esté tocando y nunca, bajo ningún concepto, tocarlo con las manos mientras le esté pasando la corriente. Si en una playa una persona se está ahogando por culpa de las grandes olas, uno se tiene que pensar mil veces lanzarse al mar a socorrerla, porque nos puede suceder lo mismo. Pues bien, en el caso de la electricidad no hay duda. Si queremos auxiliar a alguien y lo tocamos con las manos, las dos personas quedaremos enganchadas.

A pesar de todo lo que acabamos de comentar, la electricidad nos aporta muchísimos más beneficios que problemas. Nos abre un mundo infinito de posibilidades y de comodidades que hace relativamente poco que tenemos. Pero a veces, los problemas no surgen dentro de nuestras casas, sino fuera. En más de una ocasión te habrás quedado sin electricidad, habrás mirado el cuadro eléctrico o de distribución donde están los diferenciales y te habrás dado cuenta de que todos están arriba. Seguidamente, todos hacemos lo mismo: abrir la puerta y mirar si el resto de los vecinos tienen o no electricidad. Cuando nadie la tiene, poco podemos hacer. Toca buscar velas y linternas hasta que todo vuelva a la normalidad. Se recomienda no abrir la nevera ni el congelador para que los alimentos se conserven mejor.

Incluso la gente que dispone de placas solares se queda sin electricidad cuando se va la luz. Esto sucede porque las placas solares van conectadas a la red eléctrica; es decir, estos hogares no están completamente desconectados de la red. En casos puntuales puede que no tengamos suficiente electricidad con nuestras placas y en algún momento, tras largas noches o días nublados, necesitemos la ayuda de la electricidad externa. Si pasa lo contrario, que generamos un excedente de electricidad, se vuelca a la red eléctrica y se vende. Pero si hay una avería, hay una normativa que dice que se tienen que desconectar automáticamente los sistemas fotovoltaicos, porque puede haber operarios trabajando en la red y podrían electrocutarse.[9] La solución para no quedarnos sin energía es tener una instalación que nos permita aislarnos de la red eléctrica, lo que se denomina *modo isla*. No es económico, ya que se requiere una instalación adicional y de poco servirá si no tenemos buenas baterías o encadenamos muchos días nublados. Pero si se dan las condiciones, en el momento en el que se corta el suministro eléctrico, este sistema nos permite ser independientes y contar solo con la electricidad generada por las placas.

Otro método para seguir contando con electricidad en caso de un gran apagón es contar con un generador eléctrico de gasolina. Seguro que has visto alguno en obras cerca de tu casa. Generan muchísimo ruido porque no deja de ser un motor que funciona con gasolina, con la peculiaridad de que lo que produce es electricidad. Solo lo pueden usar aquellos que viven en una casa, porque el generador produce gases que tienen que salir al exterior y en los pisos la salida de humos es complicada. Las grandes empresas cuentan con sistemas auxiliares formados precisamente por grandes generadores que se encienden de forma automática si no reciben electricidad de la red eléctrica; algunos de estos son tan grandes que pueden dar cobertura eléctrica a todo un edificio.

LOS RAYOS DE TORMENTA

Vamos a hablar de uno de los fenómenos atmosféricos más violentos que existen y en el que la electricidad tiene un papel muy importante: los rayos. Las nubes de tormenta nos sorprenden en ocasiones con grandes descargas eléctricas que hacen que nos den más miedo estas tormentas.

DATO CURIOSO

El rayo, uno de los fenómenos más peligrosos de la naturaleza

Anualmente de media las descargas eléctricas de las nubes, los rayos, provocan 24.000 muertes en todo el mundo.[10] Son aproximadamente 65 personas cada día. Imagina si esta cifra, en lugar de ser provocada por los rayos, fuera por tornados o por accidentes de avión: aparecería en las portadas de todos los periódicos y abriría informativos. Pero como se trata de muertes aisladas una de otra, no se focaliza solo en un lugar del planeta. Por esta razón se les presta menos atención.

Existen muchas estadísticas sobre los impactos de rayos en todo el mundo. Cuando una persona muere o resulta herida por un rayo, no hay ni una sola duda de qué es lo que ha ocurrido. Las marcas en el cuerpo son claras. Por este motivo las estadísticas son tan fiables. Algunos datos son muy curiosos y podemos sacar buenas conclusiones. Por ejemplo, que los hombres tienen cinco veces más posibilidades de ser alcanzados por un rayo que las mujeres.[11] El principal motivo es que el hombre suele estar más al aire libre y está más expuesto al riesgo.

El aire es un medio aislante. En él hay pocas partículas cargadas, y por lo tanto, apenas existen electrones libres que puedan moverse para conducir la corriente eléctrica. Eso quiere decir que el aire no es un buen conductor de la electricidad y que el secreto del rayo está en los movimientos de aire y en los procesos eléctricos que tienen lugar dentro de una nube.

Las grandes corrientes ascendentes del interior de los *cumulonimbus* provocan que las cargas eléctricas dentro de estas nubes se repartan de una forma no equitativa y se separen. Las cargas positivas tienden a situarse en la parte superior de la nube, mientras que las negativas se acumulan en la base. La diferencia de potencial entre ambos extremos es muy grande y se genera un campo eléctrico de la escala de la nube por la acumulación de cargas eléctricas. Se produce entonces una gran descarga eléctrica que dura décimas de segundo para intentar compensar el desajuste energético que rompe la capacidad aislante del aire, y la electricidad se abre camino a través de él. Pero no es una rotura amable, que digamos. Una descarga que circula por un medio no conductor, de forma prácticamente instantánea, y con millones de voltios pasando por un medio aislante, causa que el aire que está en contacto con el canal por el que pasa la electricidad se caliente de forma brusca y repentina.

Cuando el rayo se forma dentro de la nube, puede tomar varios caminos distintos: puede quedarse dentro, puede ir de nube a nube, de nube al suelo o de la nube hacia arriba. ¿Y por qué tienen esa forma ramificada y no van en línea

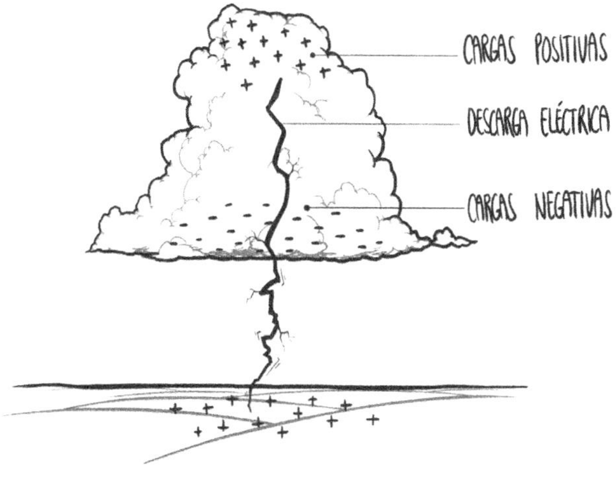

Figura 37. Distribución de cargas en una nube de tormenta

DATO CURIOSO

El trueno

Quizá lo que más nos impacta de los rayos es el estruendo que generan, es decir, el trueno. Es otro de los efectos de la descarga de energía en las nubes: provoca una onda sonora que viaja a través del aire hasta nuestros oídos. Pero el sonido viaja a una velocidad diferente a la de la luz. De hecho, la diferencia entre ambas velocidades es abismal. La luz viaja aproximadamente a 300.000 km/s y la velocidad del sonido lo hace a unos 343 m/s. Por eso durante una tormenta primero vemos el destello luminoso y después escuchamos el trueno.

Si estamos en la cama de noche y hay tormenta, tenemos un buen truco para saber a qué distancia ha caído un rayo: cada 3 segundos el rayo recorre 1 kilómetro aproximadamente. Así que, si estás atento al destello del rayo, puedes empezar a contar: 1, 2, 3, 4, 5, 6... hasta que escuches el trueno. Si tarda 6 segundos, es que el rayo ha caído a unos 2 kilómetros de distancia.

Es una buena forma de entretenerse con los niños cuando hay tormenta, y así pierden el miedo. Y también para los adultos cuando no podemos dormir.

recta? Porque el aire no es homogéneo, sino que presenta variaciones de sus propiedades en cada punto. La descarga eléctrica busca en cada momento el camino en el que el aire ofrezca menor resistencia —lo que es imposible de adivinar—, y como la presión, la temperatura y la humedad de cada punto pueden cambiar, también lo hace su recorrido. Además, hay partículas en suspensión, como polvo, polen y restos de contaminantes, que pueden influir en las trayectorias.

En nuestros hogares, tal y como hemos comentado antes, tenemos un sistema eléctrico por el que pasan 230 voltios.

Pues bien, se estima que un rayo puede generar la friolera de 100.000.000 voltios.[12] Sí, cien millones. Es una auténtica barbaridad, y esto solo es una estimación. Por este motivo las personas que son alcanzadas por rayos suelen fallecer en el acto, o bien sufren importantes quemaduras.

Los consejos que hay que seguir durante una tormenta para evitar ser alcanzados por un rayo nos los han explicado desde bien pequeños en el colegio: si estamos en casa, debemos evitar estar junto a una ventana o una puerta e impedir que haya corrientes de aire; en un coche, hay que subir las ventanillas; y si por casualidad nos encontramos al aire libre y no hay ninguna opción de refugio, no ponernos nunca bajo un árbol. Hay que agacharse en cuclillas como haciendo una bola con los pies juntos en el suelo y las manos sujetando la cabeza, y si vamos en grupo, separarnos unos de otros. También tenemos que deshacernos de elementos metálicos que puedan atraer a los rayos, como teléfonos móviles o cinturones con hebilla. Todo para minimizar las posibilidades de que nos alcance el rayo.

Si vamos a ir a la montaña, lo habitual es consultar la previsión meteorológica antes de salir; sobre todo ahora que es especialmente fácil hacerlo ya que todos la tenemos en nuestro móvil (aunque a veces falle). Los que van regularmente a la montaña ya están acostumbrados a estas situaciones, pero los que no siempre deben mirar bien qué tiempo les espera, porque nuestra vida puede depender de ello.

Y ya que estamos hablando de cómo evitar los rayos, toca hablar de nuestros fieles defensores en caso de tormenta: los pararrayos. Estos ofrecen a los rayos un camino fácil y con apenas resistencia para viajar hasta el suelo. De pequeño yo pensaba que los pararrayos emitían señales para atrapar a los rayos, pero no es así, sino que son una invitación que le hacen al rayo para que baje por un lugar seguro y no impacte en otro lugar que podría tener peores consecuencias. El pararrayos

DATO CURIOSO

¿A quién alcanzan más los rayos?

La franja de edad de las personas que más se ven alcanzadas por rayos es la que va desde los quince a los treinta y cuatro años porque es el colectivo que más tiempo pasa al aire libre.[13]

En cuanto al trabajo, los oficios más afectados por el impacto de rayos son la construcción y la pesca.

En Estados Unidos es donde hay más estadísticas al respecto, debido a la gran actividad tormentosa que existe y la concienciación. Estas estadísticas dicen que el deporte que más muertes sufre por el impacto de rayos es el fútbol (el que ellos conocen como *soccer*, es decir, el fútbol europeo, no el americano) con un 38% de afectados,[14] seguido del golf con un 31% y el *running* con un 16%. Evidentemente, son deportes que se practican al aire libre incluso cuando las condiciones meteorológicas son adversas.

tiene todo lo que hay que tener para atrapar un rayo: es alto, es metálico y acaba en punta. Una vez la descarga baja por él, es dirigida al suelo, donde se acaba dispersando de forma segura. En los pueblos siguen estando en el punto más alto, y muchos campanarios de iglesias los llevan incorporados; en las ciudades, en cambio, las cosas ya están cambiando, y si intentas jugar a localizar pararrayos, encontrarás pocos. Posiblemente en algún edificio alto.

Pero a veces los rayos impactan en el peor momento: cuando viajamos. Nos puede pasar cuando vamos en coche o cuando vamos en avión. En un vuelo, el pánico suele apoderarse de los pasajeros, pero tanto dentro del coche como dentro del avión estamos completamente a salvo de los rayos. El motivo es que ambos actúan como una jaula de Faraday. Si impactara, la corriente eléctrica se distribuiría por toda la superficie metálica y evitaría que penetrara en el interior. De hecho, estar dentro del coche es lo mejor que podemos hacer en caso de tormenta eléctrica. Lo mismo sucede en un avión: cada año muchos son alcanzados por rayos y el vuelo puede seguir con total normalidad. Eso sí, tras el impacto de un rayo, los aviones son revisados por seguridad para comprobar que no haya ningún tipo de avería eléctrica o el fuselaje haya sufrido algún desperfecto en el punto de impacto.

Figura 38. El avión es una jaula de Faraday

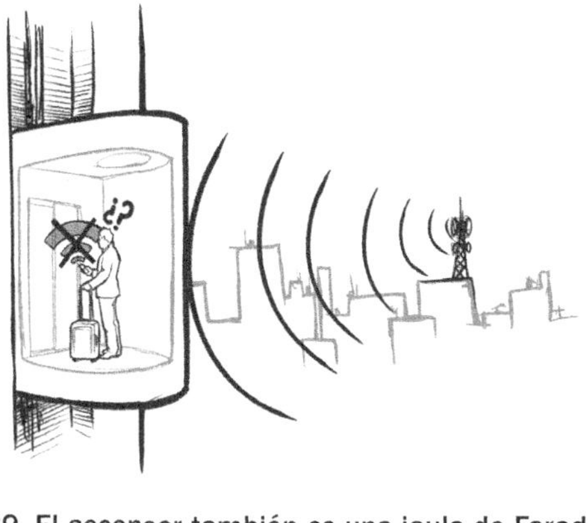

Figura 39. El ascensor también es una jaula de Faraday

NUEVAS TECNOLOGÍAS

Cada vez nos queda menos para terminar este capítulo dedicado al tema apasionante de la electricidad. Y vamos a hacerlo hablando de curiosidades, de cosas que nos afectan diariamente y en las que a partir de ahora vas a fijarte más.

No podemos dejar este capítulo sin hablar de lo que seguramente es ya una de las mayores revoluciones de los últimos años: la llegada del coche eléctrico. Hasta el momento habíamos visto aparecer algunos modelos híbridos, pero cada día vemos más coches eléctricos por la calle. También en las noticias, y no en positivo. La llegada del coche eléctrico responde a la demanda de dejar de usar los combustibles fósiles, lo que es un paso en positivo. Pero este paso hay que darlo bien. El coche eléctrico tiene que ir acompañado de una serie de ayudas para que el usuario se anime. Si el consumidor ve que no hay suficientes lugares para la recarga, la recarga es lenta y hay largas colas, difícilmente se arriesgará a abandonar su coche de gasolina o diésel, por mucho que esté comprometido con la lucha contra el cambio climático.

El funcionamiento básico del coche eléctrico no difiere demasiado del tradicional de combustible: un motor (en este caso, eléctrico) genera un empuje creando energía mecánica que mueve las ruedas. La fuerza que necesita el coche eléctrico tiene que ser la misma que la del motor a combustión, por este motivo las baterías de los coches son tan grandes. Algunas llegan a ocupar prácticamente toda la base del coche. Los materiales químicos de los que están compuestas hacen muy difícil apagar un incendio de un coche eléctrico si llega a producirse.

Estoy convencido de que esto cambiará. El mundo y la evolución tecnológica nos empujan a convertir todo el parque automovilístico en eléctrico, pero con la infraestructura que tenemos en estos momentos parece que tardará mucho tiempo en llegar.

Otro *boom* que estamos viviendo estos años es el de los patinetes eléctricos. Se ha generado mucha polémica en torno a la seguridad de sus usuarios, ya que son un medio de transporte más, se mezclan con los coches y no es necesario sacarse ningún tipo de permiso de conducción. También algunos lo usan de forma temeraria para ir por la calzada y la acera a su antojo, con los problemas que esto provoca. Pero desde el punto de vista tecnológico, el patinete eléctrico es una obra de ingeniería que permite a mucha gente desplazarse sin tener que usar un vehículo a gasolina (aunque, si queremos verlo de otra manera, la bicicleta también tiene el mismo uso, pero nos obliga a realizar más esfuerzo).

El problema de los patinetes es el mismo que el del coche eléctrico: el riesgo de sufrir incendios muy aparatosos. Tan peligrosos son estos incendios, que en muchos lugares no se pueden subir al transporte público por el riesgo de explosión de sus baterías de litio. Esto, tarde o temprano, cambiará.

Este riesgo, cuidado, también existe con los teléfonos móviles: si la batería se daña, puede incendiarse. Esto puede suceder por muchos motivos, como el uso de cargadores en mal estado o incluso golpes. Pero como tienen una batería más pequeña, el peligro es menor.

ANIMALES QUE GENERAN ELECTRICIDAD

Toca despedir el capítulo dedicado a la energía eléctrica con lo que es, desde mi punto de vista, uno de los milagros de la naturaleza. Conocí a este animal en un documental y desde entonces no he dejado de pensar por qué el ser humano no puede hacer lo mismo. Puede generar hasta 860 voltios[15] si lo ve oportuno en caso de ser atacado, pero también usa la electricidad para cazar, orientarse o comunicarse. La anguila eléctrica es un milagro de la evolución.

Puede llegar a medir más de un metro de longitud y con este currículum es, evidentemente, muy temida. Se encuentra sobre todo en Centroamérica y Sudamérica, y suele estar en aguas tranquilas. Es capaz de generar tal cantidad de electricidad gracias a sus órganos eléctricos, entre los cuales encontramos los *electrocitos* o *electroplacas*, unas células modificadas que son las responsables de generar la electricidad. Estas células se organizan de la misma manera que una batería, con su parte positiva y su parte negativa. Cuando se activan, pueden producir un flujo de corriente eléctrica y dominar a su antojo la intensidad de electricidad, ya que no es lo mismo usarla para detectar obstáculos que para defenderse.

La anguila eléctrica no es el único animal capaz de generar electricidad. Hay rayas eléctricas y muchas especies de peces que también lo logran. También hay otros animales que, aunque no generan electricidad, sí pueden detectar campos eléctricos, como, por ejemplo, el ornitorrinco, que lo usa para detectar el movimiento de sus presas en el agua o en la tierra.[16]

Creo que no es una casualidad que el ser humano no tenga la capacidad de generar electricidad. Le daríamos un uso perverso. Pero ahora me iría muy bien para calentar lo que me ha sobrado del cocido del mediodía...

Capítulo 8

¿Qué pasará con la energía en el futuro?

Ahora que ya hemos terminado este viaje que nos ha llevado a descubrir y entender las siete principales energías, toca poner punto final a este libro. Pero no sin antes hablar del futuro que nos espera en cuanto a la generación de energía, ya que la humanidad cada día es más dependiente de ella: la inteligencia artificial necesita grandes recursos energéticos para funcionar, el parque automovilístico en pocos años estará dominado por los coches eléctricos, las pantallas están sustituyendo al bolígrafo y el papel, etc. Cada día que pasa somos una especie más tecnológica. En cuestión de pocos años hemos avanzado a pasos agigantados. La inteligencia artificial es solo un ejemplo, quizá solo la punta del iceberg, de todo lo que está por venir. La optimización de los recursos, de los procesos tecnológicos, hará que seamos cada vez más eficientes, pero para esto se necesitará una gran cantidad de energía. El problema radica en saber de dónde la vamos a obtener.

Lo que sí podemos decir es que, en este futuro, la quema de combustibles fósiles no tendrá cabida. En primer lugar, porque son fuentes energéticas no renovables que, tarde o temprano, se van a acabar. Y, en segundo lugar, porque, como hemos visto en este libro, la quema de estos combustibles genera gases de efecto invernadero que aceleran el cambio climático, y si queremos vivir en un planeta con unas condiciones óptimas para el ser humano, hay que dejar de utilizar los combustibles fósiles cuanto antes, desarrollar tecnología más avanzada y optimizar gastos energéticos. No lo hemos hecho ya porque aún no estamos preparados, y no lo estamos porque no hemos querido. Somos más que capaces de hacerlo. Solo hay que invertir en lo que realmente es necesario. Y el futuro lo es.

Otra cosa que también podemos decir del futuro de la energía es que no habrá cabida para las centrales nucleares tal y como las conocemos ahora. Al igual que en el caso anterior, tarde o temprano nos quedaremos sin el recurso básico que necesita una central nuclear: el combustible del reactor. Tampoco se trata de una energía renovable, ya que estos recursos son limitados y su consumo va más rápido que su generación natural. Además, no nos podemos permitir hipotecar, no unas cuantas generaciones, sino centenares o miles, a que conserven y protejan los residuos nucleares debido a su peligrosidad. Tampoco podemos olvidar el enorme riesgo que suponen las centrales nucleares a pesar de las grandes medidas de seguridad y de ser un tipo de instalación fiable. Hay cosas que se nos pueden escapar de las manos: desde otro gran tsunami, a terremotos más grandes de lo esperado o, quién sabe si la caída de un meteorito, de basura espacial, etc. Cualquiera de estas circunstancias podría volver a provocar un gran desastre nuclear.

NUEVOS TIPOS DE ENERGÍA

Aventurarse a predecir cómo generaremos la energía en un futuro es complicado, pero ya tenemos algunas pistas de cómo será. A corto plazo, sabemos que el primer paso será la sustitución de todos los combustibles fósiles por biocombustibles como el bioetanol o el biodiésel, que son los que se producen a partir de la biomasa, es decir, de materia orgánica renovable como residuos orgánicos, productos agrícolas y plantas.

La gran ventaja que tienen es que generan menos emisiones contaminantes y se producen a partir de recursos renovables. Pero estos biocombustibles aún emiten una pequeña parte de gases a la atmósfera, así que, tarde o temprano, se dejarán de usar en favor de otro tipo de combustible que no emita ningún tipo de contaminación: el hidrógeno verde. Este se genera gracias a energías renovables, como la eólica o la solar. Es el hidrógeno que conocemos, pero adquiere la denominación de «verde» por la forma en la que se consigue. La electricidad generada de manera limpia se emplea en un proceso llamado electrólisis del agua, que consiste en separar el agua en hidrógeno y oxígeno. Este proceso no produce emisiones contaminantes. De esta manera, el hidrógeno obtenido se convierte en un combustible muy especial por un motivo: cuando se utiliza, reacciona con el oxígeno y genera únicamente calor y vapor de agua, sin emitir ningún tipo de gas de efecto invernadero. La energía liberada en este proceso puede emplearse para mover turbinas o alimentar sistemas de propulsión. Así que el hidrógeno verde no contamina ni en su producción ni en su uso, por este motivo se perfila, por ahora, como el combustible del futuro para los vehículos que no sean totalmente eléctricos.

QUÉ SUCEDERÁ EN EL FUTURO

Pero pongamos la vista en un punto aún más lejano. Las energías renovables serán la base, tanto la solar, la eólica, la hidroeléctrica, la geotérmica, la mareomotriz y de olas, entre otras, pero con una eficiencia mayor a la actual. En muchas películas de ciencia ficción que tienen lugar en un supuesto futuro son las que más aparecen, especialmente las que tratan la colonización de otros planetas. Lo primero que se hace al llegar a ellos es colocar paneles solares para generar energía.

Aún nos falta una generación de energía a gran escala. Y esta posiblemente será la fusión nuclear. La fusión consiste en la combinación o fusión de dos núcleos para formar uno más grande, justo lo que hace el Sol. La fusión nuclear aún está en fase de desarrollo, pero representaría una fuente casi inagotable de energía limpia, sin emisión de gases de efecto invernadero y, a diferencia de la fisión de las centrales nucleares, solo genera residuos radiactivos de vida corta, más fáciles de gestionar y almacenar.[1]

Y el último paso, y justo una de las cosas que ahora más echamos de menos y necesitamos, es el almacenamiento de energía. Hoy en día somos capaces de generar energía a través de muchas fuentes, pero tenemos el problema de que no tenemos suficiente tecnología para almacenarla bien. En un futuro tendremos que desarrollar baterías avanzadas, que ya no tendrán un electrolito líquido, sino sólido, y que mejorarán el almacenamiento, la seguridad y la vida útil de las baterías. Ya hay varios estudios sobre esta nueva tecnología.[2,3]

Además, la inteligencia artificial nos ayudará a gestionar la red energética del futuro, optimizando la distribución en función de la demanda, anticipándose a futuros eventos que requieran picos de producción, generando alternativas en caso de cortes energéticos y permitiendo ahorrar consumo.

Y con esto nos despedimos del capítulo dedicado a la energía del futuro.

Gracias a todo lo que hemos visto a lo largo de este libro, podemos darnos cuenta de los grandes pasos que hemos dado en un tiempo relativamente corto de cientos de años.

Desde el uso de animales para generar fuerza, el aprovechamiento de los recursos naturales como el viento o el agua, el descubrimiento del gran poder que tienen los combustibles fósiles o la invención de las centrales nucleares. Esto nos da una mejor perspectiva para entender cuál es el mejor camino que debemos tomar ahora, que va, sin duda, hacia el desafío de crear energía de forma más eficiente, segura y limpia, aprovechando la experiencia del pasado para así construir un mañana más sostenible. La energía ha impulsado nuestro pasado, sostiene nuestro presente y, si sabemos usarla con responsabilidad, iluminará un futuro mejor.

A TI, LECTOR DEL FUTURO

Es posible que dentro de cientos o miles de años alguien haya accedido al archivo digital de antigüedades y lea este libro. Si eres tú, seguro que el lenguaje que he utilizado te parece antiguo. Hay símbolos, letras, palabras y expresiones que hace mucho tiempo que ya no usáis. Por ese motivo te cuesta leerlo. En la época en la que yo me encuentro, transferimos las letras a papel y encuadernamos las páginas formando un libro (en el museo de tu ciudad podrás ver cómo son). Estos libros los tenemos en estanterías, que son una especie de baldas pegadas a la pared, algo que ahora no tenéis. Desde hace pocos años ya hay libros electrónicos, mucho más cómodos. Aquí has descubierto cómo generamos energía hoy en día y lo que esperamos del futuro. Somos conscientes del daño que le hemos hecho al planeta y la hipoteca que os hemos dejado con los residuos, pero de alguna manera u otra nos las teníamos que ingeniar para avanzar como especie. Aún no hemos pisado ni Marte y vosotros seguramente ya habréis montado colonias en planetas fuera del Sistema Solar, tendréis energía infinita, teletransportaréis la materia y vuestros cuerpos serán biológicamente perfectos y no sufriréis enfermedades. Los atletas no se lesionarán y serán mucho más fuertes, y los deportes, más emocionantes que los que tenemos ahora. Cuando estudiéis Historia, no penséis que somos inferiores a vosotros. Hemos avanzado mucho en poco tiempo y hemos puesto la semilla de lo que vosotros habéis logrado. Si hoy podéis llegar más lejos que nosotros, es porque caminamos primero, con errores y esperanza, para que vuestro camino fuera posible.

AGRADECIMIENTOS

Quiero agradecer a la editorial Paidós la confianza que ha depositado en mí para emprender un proyecto tan complicado como es la publicación de un libro que trata sobre la energía. Y en especial a Lola Almar, la editora que me ha guiado para hacer este libro atractivo, ordenado y fácil de leer. Ha logrado que esta carretera con curvas sea divertida de conducir, tanto para el autor como para los lectores.

NOTAS

Introducción

1. Miller, K. (2013). «Archaeologists Find Earliest Evidence of Humans Cooking with Fire». *Discover. The Magazine*.

2. Zeder, M. (2012). «The Domestication of Animals». *Journal of Anthropological Research*.

3. Bondar, M. (2012). «Prehistoric Wagon Models in the Carpathian Basin (3500-1500 BC)». *Archaeolingua*.

4. Cochrane, E., y Hunt, T. (2018). *The Oxford Handbook of Prehistoric Oceania*. Nueva York: Oxford University Press.

5. Glick, T.; Livesey, S., y Walli, F., comps. (2005). *Medieval Science, Technology, and Medicine: An Encyclopedia*. Routledge.

1. La energía nuclear

1. Consejo de Seguridad Nuclear (s. f.). «La energía nuclear», en: <https://www.csn.es/la-energia-nuclear>.

2. Consejo de Seguridad Nuclear (s. f.). «Tipos de instalaciones nucleares», en: <https://www.csn.es/tipos-de-instalaciones-nucleares>.

3. Foro Nuclear (s. f.). «Aplicaciones de la tecnología nuclear», en: <https://www.foronuclear.org/valores-del-sector/aplicaciones-de-la-tecnologia-nuclear/>.

4. Foro Nuclear (s. f.). «¿Cómo funciona una central nuclear?», en <https://www.foronuclear.org/descubre-la-energia-nuclear/como-funciona-una-central-nuclear/>.

5. Consejo de Seguridad Nuclear (2025), «El reactor», en: <https://www.csn.es/el-reactor>.

6. Foro Nuclear (s. f.). «¿Cómo funciona una central nuclear?», en: <https://www.foronuclear.org/descubre-la-energia-nuclear/como-funciona-una-central-nuclear/>.

7. Hermani, S. (s.f.). «Descripción del recinto de contención para un reactor de agua a presión». *Revista Nuclear.*

8. *Ibid*.

9. [@OperadorNuclear]. «Las torres de refrigeración de las centrales nucleares tienen todas una forma muy característica. La forma de hiperboloide, es decir, una hipérbola de revolución, es la que les permite soportar fuertes vientos y ser construida con la menor cantidad de material posible». Twitter. <https://x.com/OperadorNuclear/status/1014967609236901889>, 5 de julio de 2018.

10. Climate Central (s. f.). «Nuclear snow? Power plant yelds snow in Pennsylvania», en: <https://www.climatecentral.org/news/nuclear-snow-power-plant-produces-snow-in-penn-15501>.

11. Foro nuclear, (s. f.). «La energía nuclear en España», en: <https://www.foronuclear.org/descubre-la-energia-nuclear/energia-nuclear-en-espana/>.

12. Greenpeace (2021). «¿Por qué la energía nuclear no es limpia?», en: <https://www.greenpeace.org/mexico/blog/10822/por-que-la-energia-nuclear-no-es-limpia/>.

13. Organización Mundial de la Salud (2023). «Efectos en la salud de las radiaciones ionizantes», en: <https://www.who.int/es/news-room/fact-sheets/detail/ionizing-radiation-and-health-effects>.

14. Unión de Científicos Conscientes (2018). «¿Cómo funcionan las armas nucleares?», en <https://es.ucs.org/recursos/como-funcionan-armas-nucleares>.

15. Sociedad Nuclear Española (s. f.). «Preguntas y respuestas. Residuos Radiactivos», en: <https://www.sne.es/preguntas-y-respuestas/residuos-radiactivos/cuanto-tiempo-residuos-radiactivos/>.

16. ATSDR (2016). «Resúmenes de Salud Pública - Plutonio (Plutonium)», en: <https://www.atsdr.cdc.gov/es/phs/es_phs143.html>.

17. Universidad de Alicante (2011). «Energía Nuclear. Fundamentos, reactores, residuos».

18. Consejo de Seguridad Nuclear (s. f.). «Residuos radiactivos de alta actividad», en: <https://www.csn.es/residuos-radiactivos-de-alta-actividad>.

19. Consejo de Seguridad Nuclear (s. f.). «Almacenamiento geológico profundo (AGP)», en: <https://www.csn.es/almacenamiento-geologico-profundo>.

20. Greenpeace (2006). «Los muertos por Chernóbil superan ya la cifra de 200.000 y se prevén otros 93.000 más por cáncer», en: <https://archivo-es.greenpeace.org/espana/es/news/2010/November/los-muertos-por-chern-bil-supe/>.

21. *El Periódico* (2012). «El tsunami de Fukushima alcanzó los 21 metros de altura», en: <https://www.elperiodico.com/es/internacional/20120220/tsunami-fukushima-alcanzo-21-metros-1432403>.

22. Foro Nuclear (s. f.). «¿Cuánta energía en kWh se extrae de un kilo de uranio y qué rendimiento tiene cada kilo?», en: <https://www.foronuclear.org/descubre-la-energia-nuclear/preguntas-y-respuestas/sobre-combustible-nuclear/cuanta-energia-en-kwh-se-extrae-de-un-kilo-de-uranio-y-que-rendimiento-tiene-cada-kilo/>.

2. La energía electromagnética

1. Museo Virtual de la Ciencia (2004). «Breve biografía de Hans Christian Oersted», en: <https://museovirtual.csic.es/salas/magnetismo/biografias/oersted.htm>.

2. Sonilec (2024). «Qué son las ondas de microondas y cómo funcionan en la tecnología», en: <https://sonilec.mx/que-son-las-ondas-de-microondas-y-como-funcionan-en-la-tecnologia/>.

3. Astromia (s. f.). «La espectroscopía en la astronomía», en: <https://www.astromia.com/historia/espectrohistoria.htm>.

4. ICR (2019). «¿Cómo ve los colores el ojo humano?», en: <https://icrcat.com/vision-en-color-ojo-humano/>.

5. Clínica IVO (2023). «¿Los animales son capaces de distinguir los colores?», en: <https://ivoft.com/blog/7-preguntas-y-curiosidades-de-la-vision-de-los-animales/#:~:text=La%20mayor%C3%ADa%20de%20ellos%20s%C3%AD,2.>.

3. La energía cinética

1. The weather doctor (2000). *Brushing the teardrops from rain*, en: <http://www.heidorn.info/keith/weather/history/lenard.htm>.

2. Viñas, José M. (2013). «¿A qué velocidad caen las gotas de lluvia?». Publicado en el suplemento «Tercer Milenio», n.º 627, *Heraldo de Aragón*, 19 de marzo de 2013.

3. Ribera del Corneja (2021). «Historia y curiosidades de los molinos de agua del Valle del Corneja», en: <https://www.riberadelcorneja.es/>.

4. RACE (2024). «¿A qué velocidad saltan los radares?», en: <https://www.race.es/a-que-velocidad-saltan-los-radares>.

5. European Aviation School (2025). «¿Cuánto pesa un avión?», en: <https://easbcn.com/cuanto-pesa-un-avion/>.

4. La energía potencial

1. Deplanetas.com (s. f.). «¿Cuál es la gravedad de los planetas del sistema solar?», en: <https://deplanetas.com/cual-es-la-gravedad-de-los-planetas-del-sistema-solar/>.

2. Adams, Judith A. (1991). *The American Amusement Park Industry: A History of Technology and Thrills.* Twayne's Evolution of Modern Business Series.

3. Real Academia Española (2025). *Diccionario de la lengua española*, 23.ª ed., [versión 23.8 en línea], en: <https://dle.rae.es>.

4. Lugares de Aventura (2025). «Las primeras estaciones de esquí: ¿cómo empezó todo?», en: <https://www.lugaresdeaventura.com/noticia/las-primeras-estaciones-de-esqui-como-empezo-todo>.

5. Nevasport.com (2009). «El primer telesilla del mundo», en: <https://www.nevasport.com/noticias/art/27918/El-primer-telesilla-del-mundo/>.

6. Creating my Cambridge (2015). «Isaac Newton: Newton's Scientific Discoveries», en: <http://www.creatingmycambridge.com/history-stories/newtons-apple-tree/>.

5. La energía térmica

1. *El País* (2021). «¿Es verdad que los grados centígrados no existen?», en: <https://elpais.com/ciencia/2021-09-01/es-verdad-que-los-grados-centigrados-no-existen.html>.

2. Xataka (2020). «El punto triple del agua y su increíble física», en: <https://www.xataka.com/energia/punto-triple-agua-su-increible-fisica-cuando-hielo-agua-liquida-vapor-coexisten-al-tiempo>.

3. *El País* (2021). Art. cit.

4. Efectoled.com (s. f.). «¿Qué son los kelvin?», en: <https://www.efectoled.com/blog/es/kelvin/>.

5. Balmer, Robert T. (2010). *Modern Engineering Thermodynamics*. Academic Press, pág. 9. Consultado el 17 de julio de 2011.

6. Generalitat Valenciana (s. f.). «La atmósfera y sus capas». *Calidad Ambiental*, en: <https://mediambient.gva.es/es/web/calidad-ambiental/la-atmosfera-y-sus-capas>.

6. La energía química

1. NASA Ciencia Space Place (2021). «¿Cuántos años tiene el Sol?», en: <https://spaceplace.nasa.gov/sun-age/sp/>.

2. Death Valley National Park Service (2023). «Weather», en: <https://www.nps.gov/deva/learn/nature/weather-and-climate.htm>.

3. Death Valley Nations Park Service (2023). «Frequently Asked Questions», en: <https://www.nps.gov/deva/faqs.htm>.

4. Ask the Scientists (s. f.). «Entendiendo la ATP - Respuesta a 10 preguntas sobre la energía celular», en: <https://askthescientists.com/es/cellular-energy-production/>.

5. Portalfitness.com (s. f.). «Tablas de gastos calóricos de Actividades Físicas y Deportes», en: <http://www.portalfitness.com/nutricion/tabla_gasto_calorico_deportes.htm>.

6. *El Mundo* (2024). «El 80 % de las emisiones de CO2 provienen solo de 57 compañías energéticas mundiales», en: <https://www.elmundo.es/ciencia-y-salud/medio-ambiente/2024/04/04/660e429cfc6c83242a8b45d1.html>.

7. *20 minutos* (2024). «¿Cuánto se lleva el Gobierno de España por cada litro de gasolina y diésel? Estos son los impuestos a los combustibles», en: <https://www.20minutos.es/motor/movilidad/cuanto-se-lleva-gobierno-espana-cada-litro-gasolina-diesel-impuestos-combustibles-5269065/>.

8. *Diariolibre.com* (2023). «¿Cuándo se acabará el petróleo?», en: <https://www.diariolibre.com/revista/buena-vida/evergreen/2023/07/11/cuando-se-acabara-el-petroleo/2202190>.

9. Hermanos Caballer (s. f.). «La historia de la pirotecnia», en: <https://hermanoscaballer.com/la-historia-de-la-pirotecnia/#:~:text=Se%20conoce%20que%20l%20origen,explosi%C3%B3n%20al%20tocar%20el%20fuego.>.

10. Universitat de València (2016). «La química de la pólvora», en: <https://www.uv.es/uvweb/master-quimica/es/master-universitario-quimica/quimica-polvora-1285949129052/GasetaRecerca.html?id=1285960614806>.

11. Zschimmer & Schwarz (2020). «La química de los fuegos artificiales», en: <https://www.zschimmer-schwarz.es/noticias/la-quimica-de-los-fuegos-artificiales-una-relacion-explosiva/>.

12. Hermanos Caballer (s. f.). «Los colores de los fuegos artificiales», en: <https://hermanoscaballer.com/los-colores-en-los-fuegos-artificiales/>.

13. Astroaventura.net (2024). «Qué combustible usa un cohete espacial», en: <https://astroaventura.net/mundocurioso/que-combustible-usa-un-cohete-espacial/>.

14. Real Academia Española (2025). *Diccionario de la lengua española*, 23.ª ed., [versión 23.8 en línea], en: <https://dle.rae.es>.

15. Ciencia canaria (2017). «Organismos que hacen su propia luz: bioluminiscencia», en: <https://www.cienciacanaria.es/secciones/a-fondo/819-organismos-que-hacen-su-propia-luz-bioluminiscencia>.

7. La energía eléctrica

1. Endesa Fundación (s. f.). «Historia de la electricidad», *en*: <https://www.fundacionendesa.org/es/educacion/endesa-educa/recursos/historia-de-la-electricidad>.

2. Repsol (s. f.). «¿Qué es la energía eléctrica?», en: <https://www.repsol.com/es/energia-avanzar/energia/energia-electrica/index.cshtml>.

3. Repsol (2024). «Cómo se produce la energía eléctrica», en: <https://www.repsol.com/es/energia-avanzar/energia/tipos-de-electricidad/index.cshtml>.

4. Repsol (s. f.). «¿Qué es la energía eléctrica?», art. cit.

5. Los40.com (2021). «7 cosas que (tal vez) no sabías de AC/DC», en: <https://los40.com/los40/2021/05/11/los40classic/1620745558_626832.html>.

6. ZMS cable (2023). «Tipos y características de conductores de alta tensión», en: <https://zmscable.es/tipos-conductores-alta-tension/>.

7. Iberdrola (s. f.). «Alta, media y baja tensión. ¿Sabes la diferencia?», en: <https://www.iberdrola.com/conocenos/nuestra-actividad/smart-grids/diferencia-alta-media-baja-tension-electrica>.

8. Repsol. (2023). *Todos los casos por los que salta el diferencial de la luz*, en: <https://www.repsol.es/particulares/asesoramiento-consumo/por-que-salta-el-diferencial/>.

9. *El Mundo* (2025). «Gran apagón: por qué las casas con placas solares también se quedaron sin luz», en: <https://www.elmundo.es/economia/2025/04/29/6811126821efa0e4708b4579.html>.

10. National Library of Medicine (2023). *Lightning injuries*, en: <https://www.ncbi.nlm.nih.gov/books/NBK441920/>.

11. Desastres naturales y tiempo severo (2014). «Preguntas frecuentes sobre los rayos», en: <https://www.cdc.gov/es/disasters/lightning/faq.html>.

12. Rubén Lijó (2018). «¿Cuántas bombillas podría encender un rayo?», en: <https://rubenlijo.com/bombillas-energia-rayo/>.

13. *Ibid*.

14. ATS (2019). «Campos de golf: el peligro de las tormentas eléctricas», en: <https://at3w.com/blog/campos-de-golf-el-peligro-de-las-tormentas-electricas/>.

15. Xataka (2020). «El animal más eléctrico que podemos hallar en la naturaleza genera 860 voltios», en: <https://www.xatakaciencia.com/sabias-que/animal-electrico-que-podemos-hallar-naturaleza-genera-860-voltios>.

16. iElektro (2023). «¿Sabías que los equidnas y los ornitorrincos utilizan la electricidad para localizar comida?», en: <https://ielektro.es/2023/06/06/equidnas-ornitorrincos-utilizan-electricidad-localizar-comida/>.

8. ¿Qué pasará con la energía en el futuro?

1. IAEA. Organismo Internacional de Energía Atómica (2021). «La seguridad en el ámbito de la fusión», en: <https://www.iaea.org/es/energia-de-fusion/la-seguridad-en-el-ambito-de-la-fusion>.

2. Joshi *et al.*, (2025). «A Comprehensive Review of Solid-State Batteries». Applied Energy, en: <https://doi.org/10.1016/j.apenergy.2025.125546>.

3. Ye *et al.* (2024). «Fast Cycling of Lithium Metal in Solid-State Batteries by Constriction-Susceptible Anode Materials», en: <Nature.com>.